M Naga Ramy Krishna
D Raja Kullayappa
H Rehana Anjum

Estudo sobre o motor de ignição por compressão

M Naga Ramy Krishna
D Raja Kullayappa
H Rehana Anjum

Estudo sobre o motor de ignição por compressão

Estudo experimental sobre as características de desempenho do combustível de óleo plástico num motor de ignição por compressão ligeiro

ScienciaScripts

Imprint

Any brand names and product names mentioned in this book are subject to trademark, brand or patent protection and are trademarks or registered trademarks of their respective holders. The use of brand names, product names, common names, trade names, product descriptions etc. even without a particular marking in this work is in no way to be construed to mean that such names may be regarded as unrestricted in respect of trademark and brand protection legislation and could thus be used by anyone.

Cover image: www.ingimage.com

This book is a translation from the original published under ISBN 978-620-6-78698-6.

Publisher:
Sciencia Scripts
is a trademark of
Dodo Books Indian Ocean Ltd. and OmniScriptum S.R.L publishing group

120 High Road, East Finchley, London, N2 9ED, United Kingdom
Str. Armeneasca 28/1, office 1, Chisinau MD-2012, Republic of Moldova, Europe
Printed at: see last page
ISBN: 978-620-7-68990-3

Copyright © M Naga Ramy Krishna, D Raja Kullayappa, H Rehana Anjum
Copyright © 2024 Dodo Books Indian Ocean Ltd. and OmniScriptum S.R.L publishing group

Conteúdo

M Naga Ramy Krishna[1] , D Raja Kullayappa[2] , H Rehana Anjum[3]

1,2. Professor Assistente (C) do Departamento de Engenharia Mecânica da Faculdade de Engenharia JNTUA de Ananthapuramu, afiliada à JNTU de Anantapur, Andhra Pradesh, 515002, Índia.

3. Professor Assistente (C) do Departamento de Engenharia Química da Faculdade de Engenharia JNTUA de Ananthapuramu, afiliada à JNTU de Anantapur, Andhra Pradesh, 515002, Índia.

RESUMO

Os motores diesel desempenham um papel importante em quase todas as áreas relacionadas com a energia, especialmente nos sectores dos transportes e da produção de energia. São um dos motores primários mais eficientes, com elevada eficiência térmica e durabilidade. Apesar destas vantagens, têm uma desvantagem séria, que é a emissão de gases de escape mais elevada. Devido ao consumo excessivo e à utilização contínua, as reservas fósseis estão a esgotar-se rapidamente. Estes problemas e o preço cada vez mais elevado do petróleo bruto obrigaram as nações do mundo a procurar recursos energéticos alternativos. Apesar de terem sido comercializados muitos combustíveis alternativos, a redução das emissões sem comprometer o desempenho do motor continua a ser um desafio para os investigadores. Assim, no presente estudo, é efectuada uma investigação detalhada para avaliar o potencial do óleo de plástico (PO) como combustível alternativo para motores de ignição por compressão de alta velocidade para veículos ligeiros. Além disso, são analisadas as características de desempenho, combustão e emissões do motor alimentado com óleo plástico. Para realizar a presente investigação, é utilizado um motor diesel DI de um cilindro, naturalmente aspirado, a quatro tempos, arrefecido a água, que gera 3,7 kW a uma velocidade nominal de 1500 RPM. Inicialmente, foram estudadas as características de desempenho, combustão e emissão do motor diesel alimentado com PO e as suas misturas com diesel. O desempenho das misturas aumentou consideravelmente, mas as características de combustão e de emissão do PO e das misturas eram inferiores às do gasóleo. Assim, a fim de melhorar esta situação, variou-se a pressão de abertura do bico (NOP) para estudar o seu impacto no desempenho, características de combustão e de emissão. Os resultados dos ensaios revelaram que o PO a 230 bar NOP apresentou melhores características de combustão e de emissões do que todas as outras condições de funcionamento, mas as emissões de NOX foram mais elevadas. A fim de reduzir as emissões de NOX, foi adicionado DEE ao PO. Os resultados experimentais mostraram que houve uma redução drástica do nível de fumo e de NOX. Por último, foi formulado um novo nano-combustível utilizando nanopartículas de óxido de alumínio (alumina) (AON) numa base de óleo plástico. A análise do desempenho revelou que houve um aumento da eficiência térmica dos nano-combustíveis e que os níveis de emissão de HC, CO e fumo dos nano-combustíveis à base de PO diminuíram significativamente em todas as cargas. De um modo geral, conclui-se que o óleo de plástico pode ser diretamente implementado no motor diesel, quer na forma pura quer na forma misturada, sem quaisquer modificações na conceção do motor. No entanto, o motor apresentou características superiores quando o nano-combustível plástico foi utilizado como combustível. De um modo geral, o motor a funcionar com nano-combustível plástico teve um desempenho semelhante, uma melhor combustão e emissões mais limpas do que o funcionamento normal com gasóleo.

Palavras-chave: Motor Diesel, Combustível alternativo, Óleo plástico, Nanofuel, Combustão, Emissões.

RECONHECIMENTO

A investigação no meu estudo de doutoramento não teria sido completa sem a ajuda e o apoio de muitas pessoas que merecem o meu apreço e agradecimento especial.

Expresso a minha mais profunda gratidão e sincera consideração ao meu orientador e supervisor, Dr. P. Vijayabalan, Professor, Departamento de Engenharia Mecânica, Universidade de Hindustan, Chennai, pela sua inestimável ajuda, conselhos, encorajamento e orientação paciente durante todas as fases do trabalho que tornaram possível esta dissertação. Gostaria também de exprimir a minha sincera gratidão ao Dr. M. Subhramaniam, Professor e HOD, Departamento de Engenharia Automóvel, Universidade B. S. Abdur Rahman, Chennai, pelas suas valiosas sugestões e ajuda durante o curso da minha investigação. Agradeço sinceramente ao Dr. Darius Gnanaraj, Professor e Reitor (MS) e ao Dr. Ravikumar Solomon, Professor e Diretor do Departamento de Engenharia Mecânica da Universidade de Hindustan, Chennai, pela orientação, apoio e ajuda que me prestaram. Gostaria de agradecer especialmente ao Dr. Ilavazhagan, Diretor (Investigação) e ao Dr. Baby Joseph, Reitor (Investigação) da Universidade de Hindustan, Chennai, pela sua orientação e apoio durante a realização deste trabalho.

Um agradecimento muito especial aos meus pais pelo seu apoio constante e pela fé que depositaram em mim. O seu amor e paciência tornaram este trabalho possível e o seu encorajamento ajudou-me imenso no meu trabalho para esta tese. Por último, mas não menos importante, agradeço a todos na Universidade de Hindustan, sem cuja ajuda este trabalho não teria sido concluído.

VISWANATH KAIMAL

CAPÍTULO 1

INTRODUÇÃO

1.1 SITUAÇÃO ACTUAL DO SECTOR DA ENERGIA

O combustível fóssil derivado do petróleo bruto é um dos maiores recursos conhecidos pela humanidade. É a maior matéria-prima que sustenta os sistemas energéticos em todo o mundo. Nesta era de tecnologia e indústrias, os recursos energéticos são a chave para a sobrevivência. O crescimento exponencial da sociedade moderna e o desenvolvimento da qualidade de vida, especialmente nas últimas duas décadas, foram conseguidos principalmente através da utilização de produtos petrolíferos. Embora os combustíveis fósseis continuem a dominar o sector da energia no futuro imediato, estão a tornar-se limitados e a esgotar-se a taxas elevadas devido à enorme procura. Num país em desenvolvimento como a Índia, que é o quinto maior consumidor de energia do mundo, alberga 1,25 mil milhões de pessoas (17% da população mundial) e tem um PIB nominal de 1,87 biliões de dólares (estimativas de 2013), a procura de energia é enorme. Os produtos petrolíferos desempenham um papel importante nos sectores da produção de energia, dos transportes, da indústria e da agricultura. Mas as reservas de petróleo bruto na Índia são limitadas e não podem satisfazer a procura por si só. De acordo com as estimativas de 2013, a produção interna de petróleo bruto da Índia satisfaz apenas 25% da procura e os restantes 75% são satisfeitos pelas importações. As estatísticas relativas ao petróleo bruto da Índia nos últimos dez anos são apresentadas no Quadro 1.1. O perfil da produção local está muito aquém do perfil de consumo da nação. De acordo com as estatísticas, a dependência do petróleo bruto importado para o ano em curso é superior a 75% e estima-se que atinja 80% até 2016-17. O país está a enfrentar um grande desafio para reduzir a dependência do petróleo importado, o que constitui também um pesado encargo para a sua economia.

Assim, para ultrapassar esta crise energética, o governo está agora a implementar várias políticas importantes que ajudarão a alcançar um modo de desenvolvimento sustentável. Estas iniciativas foram concebidas para reduzir a dependência das importações de petróleo bruto e também para assegurar a utilização eficiente e a conservação de outros recursos convencionais. A ideia principal de um modelo de desenvolvimento sustentável é utilizar os recursos de forma a poder satisfazer as necessidades da geração atual sem afetar as necessidades da geração futura. Os objectivos do desenvolvimento sustentável consideram essencialmente os seguintes aspectos

- Proteger e valorizar os recursos convencionais.
- Desenvolvimento de novas tecnologias para a utilização efectiva dos recursos não convencionais.
- Melhorar a qualidade do crescimento através da satisfação das necessidades essenciais.

A utilização de recursos energéticos renováveis é a melhor e mais segura forma de alcançar um crescimento e desenvolvimento limpos e eficientes da nação. Os recursos renováveis têm o potencial de fornecer energia a longo prazo e podem reduzir significativamente a dependência dos combustíveis fósseis. Num país em desenvolvimento como a Índia, estes recursos não convencionais e renováveis oferecem imensas possibilidades. Uma vez que estes recursos estão disponíveis a nível interno em grandes quantidades, reduzirão a dependência do petróleo bruto

importações e melhoram a economia. Além disso, aumentam a produção local, o que também cria muitas oportunidades de emprego. Devido a todas estas questões, os investigadores concentraram-se em encontrar uma fonte de energia alternativa adequada que possa satisfazer as necessidades energéticas.

Quadro 1.1 Estatísticas sobre o petróleo bruto na última década na Índia*

Ano	Consumo (MT)	Produção (MT)	Importação (MT)
2005-06	130.11	32.19	99.41
2006-07	146.55	33.99	111.50
2007-08	156.10	34.12	121.67
2008-09	160.77	33.51	132.78
2009-10	192.77	33.69	159.26
2010-11	196.9	37.68	163.60
2011-12	204.12	38.09	171.73
2012-13	219.21	37.86	184.80
2013-14	222.5	37.79	189.24

*Fonte: Ministério do Petróleo e do Gás Natural, Índia

1.2 RESÍDUOS DE PLÁSTICOS E QUESTÕES AMBIENTAIS

Atualmente, o plástico tornou-se um bem indispensável. Tornaram-se muito populares num curto espaço de tempo devido à sua inigualável capacidade de utilização, a uma vasta gama de aplicações e à facilidade de produção. Os plásticos são basicamente fabricados a partir de produtos petrolíferos e são constituídos por longas cadeias de hidrocarbonetos. A nível mundial, 270 milhões de
toneladas de petróleo bruto são gastas na produção de plásticos, a fim de satisfazer a procura de produtos de plástico. A produção mundial de plástico atingiu 299 milhões de toneladas no ano de 2013. De acordo com o relatório do World Watch Institute, observa-se uma taxa média de crescimento de 8,7% na produção de plástico todos os anos. A procura crescente de plástico também produziu uma enorme quantidade de resíduos plásticos, que representam uma séria ameaça para o ambiente devido aos seus problemas de eliminação (Antony *et al*, e Sartorius *et al*,). De acordo com o programa ambiental das Nações Unidas, 43% dos plásticos usados são depositados em aterros a nível mundial e um estudo recente indicou que um total de 2,6 milhões de toneladas de resíduos plásticos já foram despejados nos oceanos.

6

Na Índia, o consumo de plástico é muito menor quando comparado com os EUA, a China e outros países europeus. A indústria de plásticos da Índia está a crescer a uma taxa incrível de 8% ao ano. Em 2013, a produção de plástico na Índia atingiu 8,5 milhões de toneladas por ano, contra 6 milhões de toneladas por ano em 2008. Um relatório de inquérito do Conselho Central de Controlo da Poluição da Índia, de 2012, revela que são produzidas anualmente no país cerca de 5,6 milhões de toneladas de resíduos de plástico. Destes, apenas 60% são reciclados, o que significa que 6500 toneladas de resíduos de plástico vão parar a aterros por dia. A deposição em aterro e o despejo de resíduos de plástico não são apenas um problema, mas há uma miríade de problemas associados. Os plásticos são compostos não biodegradáveis e vários aditivos químicos, tais como corantes, anti-oxidantes e estabilizadores (Hamid *et al*, Williams *et al*,) contidos nos plásticos têm uma forte tendência para se infiltrarem e se misturarem com o ambiente em que são eliminados, devido à foto-degradação. Estes produtos químicos expõem os seres humanos e outros organismos vivos a toxinas nocivas que causar problemas de saúde adversos.

1.3 GESTÃO DOS RESÍDUOS DE PLÁSTICO

Os resíduos de plástico são materiais não biodegradáveis que constituem uma ameaça para o ambiente e o habitat natural e consomem muito espaço devido aos aterros sanitários. A fim de superar os efeitos adversos dos resíduos de plástico, foi introduzida a gestão dos resíduos de plástico. O princípio básico da gestão dos resíduos de plástico é encontrar tecnologias que possam reduzir e processar os resíduos de plástico com um impacto mínimo no ambiente. Existem muitas técnicas disponíveis para o tratamento de resíduos de plástico, tais como

- Reduzir e reutilizar
- Reciclagem
- Deposição em aterro
- Recuperação de energia

Reduzir a utilização de materiais plásticos é a melhor forma de reduzir o plástico. A técnica de redução na fonte obriga o fabricante a reduzir a produção. Se os consumidores recusarem o plástico, não só reduzirão os resíduos de plástico, como também reduzirão outros problemas, como a poluição e as questões de saúde. Além disso, a energia utilizada para a produção de plástico pode ser poupada. Reutilizar os recipientes de plástico mais do que uma vez é outra opção para reduzir a produção de resíduos. Apesar de não ser tão eficaz como a redução, reduz certamente a taxa de acumulação de resíduos.

A reciclagem de plástico é uma indústria que vale milhares de milhões de dólares. Trata-se de um processo em que os resíduos de plástico são fundidos e transformados noutros produtos úteis. Uma vez que a maioria dos produtos de plástico é fabricada com plástico virgem, os plásticos reciclados não são totalmente utilizados. Após duas ou mais rondas de reciclagem, não podem voltar a ser utilizados devido aos produtos químicos que lhes são adicionados e à sua baixa qualidade.

Uma grande quantidade de resíduos de plástico é depositada ou enterrada em aterros. Em termos gerais, aterro significa simplesmente despejar os resíduos de plástico depois de os comprimir para reduzir o volume e poupar espaço. Os resíduos de plástico não são biodegradáveis e permanecem no local sem sofrerem qualquer decomposição. Mas este método já não é viável, uma vez que a quantidade de resíduos gerados é muito elevada e não pode ser gerida.

A recuperação de energia é uma das melhores técnicas disponíveis para eliminar os resíduos de plástico. Trata-se de qualquer método que converte os resíduos em energia utilizável ou como matéria-prima para qualquer outro processo. A incineração, a gaseificação e o craqueamento térmico (pirólise) são os principais métodos utilizados nos processos de recuperação de energia.

A incineração é um processo em que os resíduos de plástico são queimados dentro de uma câmara de combustão, convertendo-os em gás de combustão, cinzas e calor. Cerca de 80 a 85% dos resíduos de plástico podem ser reduzidos com a ajuda de incineradores. Isto também significa que não elimina totalmente os aterros sanitários. A necessidade de energia para a incineração excede a quantidade de energia recuperada pelo processo. Outro problema da incineração é a emissão de gases de combustão, que contém furanos, dioxinas, dióxido de enxofre, ácidos e partículas. Estes são tóxicos por natureza e contribuem para a degradação ambiental. Por conseguinte, este método não é geralmente recomendado.

Os métodos populares de recuperação de energia são a gaseificação e a degradação térmica catalítica. A gaseificação é um processo em que os resíduos sólidos são convertidos em produtos gasosos a temperaturas muito elevadas. Este processo é considerado melhor do que a incineração, uma vez que os produtos não são tóxicos e a recuperação de energia é maior. Neste processo, quase todos os resíduos introduzidos na câmara do reator são convertidos em produtos utilizáveis e energia. Os principais produtos da gaseificação são o monóxido de carbono e o hidrogénio, cuja mistura é designada por gás de síntese, e uma quantidade limitada de cinzas e carvão. A principal vantagem da gaseificação é o facto de poder ser utilizada para o tratamento de quase todos os tipos de resíduos sólidos e de os produtos obtidos poderem ser utilizados para uma variedade de aplicações. O método de craqueamento térmico é outra forma de recuperação de energia, que é menos desejável, uma vez que requer temperaturas relativamente elevadas e os produtos não podem ser utilizados diretamente para outras aplicações. Assim, a recuperação de energia ou a conversão de resíduos em energia ganhou uma importância considerável nos últimos dois anos devido ao aumento exponencial dos resíduos plásticos e dos resíduos sólidos.

1.4 MOTORES DIESEL E POLUIÇÃO

Os motores diesel ganharam importância devido à sua vasta gama de aplicações em diferentes sectores, como a produção de energia, a agricultura, os transportes, etc. Tornaram-se cada vez mais populares devido à sua elevada eficiência térmica, durabilidade, construção robusta e baixa manutenção. Apesar destas vantagens, produzem níveis muito elevados de partículas, fumo, óxidos de azoto e CO_2, o que cria problemas ambientais e de saúde. Por isso, foram impostas normas de emissão rigorosas pelo governo e por agências internacionais para controlar os níveis de emissão dos automóveis e de outros motores de combustão interna. Esta questão, juntamente com uma rápida redução do nível de recursos petrolíferos, obrigou os investigadores a procurar uma fonte de energia alternativa e limpa.

1.5 ÓLEO PLÁSTICO - UM COMBUSTÍVEL ALTERNATIVO

O consumo de gasóleo e de gasolina representa 98% da energia total consumida no sector dos transportes (Kumar *et al,*). Assim, a produção de uma fonte alternativa autóctone para o gasóleo é necessária para reduzir a dependência das importações de petróleo bruto e também para minimizar os problemas ambientais. Estão a ser realizadas muitas investigações no domínio das energias alternativas e, nesta categoria, a maioria dos investigadores sugere a utilização de biocombustíveis, devido às suas propriedades físico-químicas semelhantes às do gasóleo (Mofijur *et al,* Lin *et al,* Hoekman *et al,*). Os biocombustíveis são considerados como uma das melhores alternativas aos combustíveis fósseis. No entanto, a utilização direta de biocombustíveis em motores diesel não é recomendada, uma vez que apresentam baixa volatilidade e elevada viscosidade, o que reduz a atomização do combustível. Além disso, causam problemas como a contaminação do óleo lubrificante, a colagem dos pistões, depósitos no motor, etc. Assim, são utilizados diferentes combustíveis e técnicas para reduzir as desvantagens acima referidas. As alternativas mais recomendadas ao gasóleo são:

- Biodiesel
- Álcoois
- Gás natural
- Gás de petróleo liquefeito
- Hidrogénio

Entre os diferentes combustíveis disponíveis, os combustíveis líquidos são geralmente preferidos para os motores a gasóleo, uma vez que são fáceis de armazenar e manusear. Além disso, têm uma elevada densidade energética e um valor calorífico decente. Neste contexto, o óleo de plástico produzido pelo processo de pirólise tornou-se o centro das atenções devido à sua dupla vantagem de recuperar energia a partir de materiais residuais e reduzir os problemas ambientais causados pelos resíduos de plástico. As investigações recentes que utilizam óleo de pirólise de plástico e de pneus consistem na sua utilização como aditivo para reduzir a viscosidade de óleos pesados em motores marítimos pesados (Mani *et al,*). Mas apenas alguns trabalhos foram efectuados para estudar os efeitos da sua utilização em motores ligeiros de ignição por compressão de alta velocidade. A produção de plástico e a pirólise de pneus já foram comercializadas na Índia. Uma instalação de pirólise de reciclagem em grande escala para resíduos de plástico produz cerca de 25 000 litros de óleo de plástico por dia (Walendziewski *et al,*).

1.6 PRODUÇÃO E PROPRIEDADES DO ÓLEO PLÁSTICO

O óleo de plástico é produzido pelo processo de pirólise, que consiste essencialmente no craqueamento térmico do plástico. Os resíduos de plástico foram recolhidos dos aterros sanitários da cidade e cortados em pedaços com aproximadamente o mesmo tamanho (0,5 - 1 cm^2). As impurezas nas aparas de plástico foram depois removidas por lavagem e o teor de humidade foi completamente seco com a ajuda de um forno. Para realizar a reação, foi utilizado um reator de pirólise personalizado com 40 cm de diâmetro e 60 cm de altura. 10% em peso de carvão e 1% em peso de catalisador de sílica foram introduzidos na câmara de reação juntamente com as aparas de plástico. A temperatura de reação no interior da câmara foi mantida entre 350^0 C e 400^0 C com a ajuda de um controlador de temperatura e a reação foi deixada a decorrer durante 4 horas à pressão atmosférica. O óleo de plástico é uma mistura de vários hidrocarbonetos e a composição básica do óleo de pirólise de plástico é apresentada na Tabela 1.2.

Quadro 1.2 Composição básica do óleo plástico*

Componentes	Percentagem (%)
C10	66.3
C10 a C15	4.4
C15 a C20	12.7
C20 a C25	8.2
C25 a C30	8.4

* Medida

O processo de pirólise produz cerca de 80% (da entrada) em peso de óleo plástico, 15% em peso de resíduos sólidos de coque e 5% em peso de fracções gasosas (uma mistura de propileno, iso-butano, etano e pequenas quantidades de metano). As propriedades do gasóleo e do óleo de plástico puro são apresentadas no Quadro 1.3.

Tabela 1.3 Propriedades do óleo plástico e do gasóleo

Propriedades	Teste	Óleo de plástico*	Gasóleo*
Gravidade específica	ASTM D 1298	0.83	0.84
Viscosidade cinemática (cSt) a 40°C	ASTM D 445	2.64	2.15
Poder calorífico (kJ/kg)	ASTM D 240	44200	43500
Índice de cetano	ASTM D 613	50	54
Ponto de inflamação (°C)	ASTM D93	40	45
Ponto de fogo (°C)	-	44	48
Ponto de nuvem (°C)	ASTM D 2500	2	4
Teor de cinzas (%wt)	-	0.002	0.0025
Teor de enxofre (%wt)	-	0.0025	0.035
Resíduo de carbono (%)	-	36.87	28
Temperatura de destilação (°C)	-	340	330
Água por destilação	-	.05	-
Aparência	-	Castanho escuro	Laranja

*Valores medidos

1.7 ORGANIZAÇÃO DA TESE

A parte restante da tese está organizada da seguinte forma:

Chapter 2 apresenta a revisão de investigações anteriores realizadas sobre motores diesel alimentados com combustíveis alternativos, técnicas de otimização de motores, métodos de funcionamento e técnicas para melhorar o desempenho, a combustão e as características das emissões.

Chapter 3 trata dos pormenores da montagem experimental, dos instrumentos e analisadores utilizados, das várias metodologias e da análise de erros.

Chapter 4 apresenta os resultados e a discussão dos vários ensaios efectuados no âmbito do presente estudo. As características de desempenho, combustão e emissão foram determinadas experimentalmente e comparadas com o gasóleo. Além disso, os vários parâmetros que as influenciam são discutidos em pormenor.

Chapter 5 regista as conclusões retiradas da investigação experimental.

REVISÃO DA LITERATURA

Os motores de ignição por compressão têm vindo a dominar o mundo desde que Rudolf Diesel os introduziu em 1910. Os motores diesel tornaram-se cada vez mais populares e têm uma vasta gama de utilizações, desde um pequeno gerador doméstico a uma grande central eléctrica a diesel. Devido à sua elevada eficiência térmica, durabilidade e construção robusta, os motores diesel encontram aplicações na produção de energia, no sector automóvel e dos transportes, na indústria de produção e fabrico, no sector agrícola, em aplicações domésticas, etc. Os sectores automóvel e industrial cresceram exponencialmente nas últimas duas décadas, criando uma enorme procura de energia. Uma grande parte desta procura de energia é satisfeita pelas reservas de petróleo existentes em todo o mundo. Além disso, a elevada procura e o consumo excessivo conduziram ao esgotamento das reservas de combustíveis fósseis. Para além disso, as principais desvantagens dos motores de ignição por compressão são as emissões, que produzem níveis muito elevados de partículas, fumo e NOX, o que cria problemas ambientais e de saúde. Por isso, foram impostas normas de emissão rigorosas em todo o mundo para controlar e reduzir os níveis de emissão. Este problema, juntamente com o rápido esgotamento das fontes de petróleo, exigiu a necessidade de uma fonte de energia alternativa e limpa.

Nas últimas duas décadas, os problemas ambientais causados pela utilização de combustíveis petrolíferos e outros produtos petrolíferos aumentaram substancialmente. Os efeitos negativos desta situação para o futuro do nosso planeta e para o destino dos organismos criaram uma preocupação em todo o mundo. Os dois principais factores que contribuem para a degradação ambiental são o aquecimento global e a produção de resíduos sólidos. 40% do total de resíduos sólidos produzidos a nível mundial são plásticos. Atualmente, os plásticos tornaram-se um bem indispensável. Tornaram-se muito populares num curto espaço de tempo devido à sua inigualável capacidade de utilização, à sua vasta gama de aplicações e à facilidade de produção. A procura sempre crescente de plástico produziu também uma enorme quantidade de resíduos plásticos, que representam uma grande ameaça para o ambiente devido aos seus problemas de eliminação. Embora o plástico possa ser reciclado, a maior parte dos resíduos gerados são depositados em aterros. A natureza não biodegradável do plástico cria dificuldades na sua eliminação. Por conseguinte, são utilizadas diferentes técnicas para tratar os resíduos de plástico, como a incineração, a gaseificação, a decomposição térmica, a pirólise, etc. De entre estas técnicas, a pirólise chamou a atenção pelo facto de produzir produtos líquidos e gasosos com elevados valores energéticos.

Vários tipos de óleo de pirólise têm sido estudados quanto à sua adequação como aditivo ou como substituto parcial do gasóleo. A maioria destes estudos é feita através da análise das suas propriedades físicas e químicas e alguns são efectuados em motores marítimos pesados. Apenas algumas tentativas foram feitas para avaliar o seu potencial na forma pura e sob a forma de misturas com gasóleo em motores diesel ligeiros de alta velocidade. A presente investigação é uma tentativa de avaliar o potencial do óleo de plástico produzido por processo de pirólise como alternativa ao gasóleo convencional. Assim, neste capítulo, é feita uma revisão pormenorizada da literatura e da investigação relacionada com a utilização de combustíveis alternativos e o seu desempenho em motores de ignição por compressão e são estudadas as diferentes complicações que surgiram. Além disso, as áreas da combustão e da análise de emissões são também descritas, uma vez que também estão envolvidas na presente investigação.

2.1 PIRÓLISE E APLICAÇÃO COMO COMBUSTÍVEL

Sakata *et al,* (1999) converteram materiais plásticos em fuelóleo combustível. Os autores utilizaram diferentes catalisadores, tais como sílica-alumina, zeólito e sílica mesoporosa. Os rendimentos dos produtos gasosos, líquidos e residuais por degradação catalítica foram comparados com a degradação térmica não catalítica. Estudaram o efeito do modo de contacto do catalisador, o efeito dos catalisadores na degradação do plástico e a avaliação dos catalisadores durante a degradação do plástico. Os autores também descobriram que a degradação do polipropileno utilizando o catalisador de sílica-alumina na fase líquida produziu 69% de hidrocarbonetos líquidos, enquanto que na fase de vapor reduziu para 54%. O hidrocarboneto líquido obtido apresentou uma distribuição do número de carbono semelhante à da gasolina comercial, mas para o catalisador de zeólito o processo produziu menos hidrocarbonetos líquidos. Os produtos líquidos da degradação catalítica utilizando o catalisador FSM tinham uma distribuição do número de carbono semelhante à de uma mistura de querosene e gasóleo. Concluíram que, utilizando o catalisador FSM, os mesoporos rodeados pela folha de sílica actuaram como um reservatório de espécies radicais e aceleraram a degradação do plástico.

Hai Vu *et al,* (2001) utilizaram óleo produzido por pirólise de resíduos plásticos misturado com fuelóleo marítimo. Os resultados dos seus ensaios mostraram que uma mistura de 20% de óleo de plástico usado com combustível reduziu a viscosidade do óleo combustível para 20 cSt a 50°C. Depois de o óleo ter sido utilizado diretamente num motor diesel de alta velocidade, a emissão de NOX aumentou ligeiramente. A fim de reduzir a emissão de NOX, foi preparada uma emulsão de 10% e 20% de água e óleo e observou-se que a quantidade de NOX foi reduzida em 30% e 50%, respetivamente.

Walendzewski (2002) analisou o cracking catalítico e térmico de polímeros utilizando dois reactores diferentes. O estudo indicou que todos os materiais poliméricos podem ser convertidos em combustíveis potenciais com elevada eficiência. Sugeriu também que a utilização de um catalisador no processo de craqueamento pode reduzir consideravelmente a temperatura de reação necessária. O cracking térmico em condições pressurizadas mostrou um nível de conversão mais elevado do que o cracking à pressão atmosférica. Além disso, os produtos apresentaram um ponto de ebulição, um ponto de congelação e um índice de cetano mais baixos. Concluíram que as fracções de gasolina eram mais elevadas no produto quando se utilizava poliestireno.

Miskolczi *et al,* (2004) investigaram a degradação térmica de diferentes resíduos plásticos urbanos num reator tubular horizontal e o efeito de diferentes parâmetros como o tempo de residência, a temperatura, etc. Verificaram que a estrutura química dos polímeros afectava grandemente as propriedades qualitativas e quantitativas dos produtos e que o rendimento aumentava com a temperatura de fissuração e o tempo de residência da matéria-prima. Observou-se que o rendimento dos produtos aumentava ainda mais com a destilação do resíduo e que, após a destilação, o conteúdo aromático se encontrava sobretudo nas fracções leves dos produtos. Os seus resultados mostraram que os produtos líquidos tinham aproximadamente 50% de teor de olefinas, que variava consoante os parâmetros de craqueamento. Concluíram que os parâmetros de funcionamento do cracking térmico não eram afectados pela estrutura química, mas sim pela quantidade do rendimento.

Murugan *et al,* (2009) realizaram uma investigação para a aplicação do óleo de pirólise de pneus obtido por pirólise em vácuo de resíduos de pneus como combustível num motor diesel.

Utilizaram misturas de 20% a 70% em volume com gasóleo e testaram o seu desempenho e os parâmetros de emissão e compararam os resultados com o funcionamento normal do gasóleo. Os resultados dos ensaios mostraram que o motor podia funcionar sem problemas até 70% de mistura de TPO-diesel. Verificaram que a eficiência térmica de travagem das misturas era de e o consumo específico de energia na travagem foi mais elevado em comparação com o funcionamento a gasóleo. Verificaram também que a quantidade de HC, CO e fumo era mais elevada quando se utilizavam misturas de TPO-diesel como combustível. Apesar de se ter verificado ocasionalmente a aderência de óleo na haste do bico injetor, não foi encontrada corrosão no sistema de injeção. Os autores sugeriram uma mistura de 20% de TPO com gasóleo como um substituto potencial e recomendaram a melhoria da qualidade do combustível como uma necessidade.

Siddiqui *et al,* (2009) exploraram os efeitos de vários parâmetros como o tipo de catalisador, a quantidade de catalisador, o tempo de reação, a pressão e a temperatura no produto de óleo plástico utilizando um reator de autoclave. Os autores utilizaram diferentes tipos de plásticos, como o polietileno de baixa densidade (LDPE), o polietileno de alta densidade (HDPE), o poliestireno (PS) e o polipropileno (PP) como matéria-prima para o estudo. As reacções de resíduos de plástico com catalisador e de resíduos de plástico e resíduos com catalisador foram realizadas num reator em condições de reação variáveis e o rendimento foi comparado. O rendimento obtido pelo co-processamento de plásticos com resíduos foi encorajador, uma vez que era mais fácil converter resíduos de plástico em combustível líquido. Os autores realizaram a experiência variando diferentes condições de reação, tais como a quantidade de catalisador, o tempo de reação, a temperatura e a pressão da reação, etc., a fim de estudar o seu efeito no rendimento. Indicam que o rendimento do combustível líquido obtido pelo sistema resíduo-plástico-catalisador foi superior ao do sistema resíduo-plástico. Os produtos do hidro craqueamento da matéria-prima incluíam gases de hidrocarbonetos, óleos pesados, coque e gomas insolúveis. O seu estudo revelou que as condições de reação de 90 min de tempo de reação, 3 wt% de catalisador Ni-Mo, rácio de resíduos para plástico de 3:2 (wt.), 430° C de temperatura e 1200 psi de pressão de gás hidrogénio mostraram a máxima eficiência de conversão dos plásticos em combustível líquido.

Mani *et al,* (2010) efectuaram uma investigação para estudar o efeito da recirculação dos gases de escape arrefecidos (EGR) num motor diesel de um cilindro alimentado com óleo de plástico usado puro. Os autores verificaram que os motores diesel alimentados com óleo de plástico usado emitiam uma quantidade mais elevada de óxidos de azoto do que o funcionamento com diesel. Os resultados dos ensaios do funcionamento do motor com EGR foram comparados com os do funcionamento sem EGR. O motor a funcionar com óleo de plástico puro apresentou uma quantidade mais elevada de emissões de NOX sem EGR. Os autores recomendam 20% de EGR com base na redução das emissões de NOX com valores comparáveis de eficiência térmica, fumos e HC. Os autores constataram também que, quando se utilizou EGR arrefecido, as emissões de NOX foram consideravelmente reduzidas. Os resultados dos seus ensaios mostraram que, à potência nominal, os NOX diminuíram de 8,56 g/kWhr sem EGR para 8,2 g/kWhr com 20% de EGR. Além disso, com uma percentagem mais elevada de EGR, os NOX nos gases de escape foram reduzidos. A eficiência térmica do travão foi reduzida nas operações EGR em comparação com o funcionamento normal. As emissões de fumo e os níveis de hidrocarbonetos não queimados nos gases de escape dos óleos plásticos usados foram mais elevados. No entanto, registou-se uma redução dos níveis de CO e CO_2 com o EGR. A pressão de pico e a taxa de libertação de calor também foram inferiores no caso do funcionamento EGR.

Mani *et al,* (2011) testaram as características de desempenho de um motor diesel D.I. a funcionar com óleo de plástico usado e compararam-no com o funcionamento a gasóleo. Os resultados dos ensaios mostraram que a pressão de pico e a taxa de libertação de calor das misturas de óleos plásticos usados eram superiores às do gasóleo devido a uma melhor combustão. Sugeriram também que o aumento do atraso de ignição do óleo de plástico se devia à sua maior viscosidade. A quantidade de monóxido de carbono e NOX no escape foi superior em cerca de 25% e 5%, respetivamente, para o óleo plástico usado. As emissões de fumo e de HC do motor também aumentaram 40% e 15% em relação ao funcionamento a gasóleo. Os autores referiram que o motor era capaz de funcionar com 100% de óleo de plástico usado sem quaisquer modificações.

Sharma *et al,* (2013) investigaram a utilização de uma mistura de óleo de pirólise de pneu e éster metílico de Jatropha como combustível num motor diesel monocilíndrico de injeção direta. Os autores indicaram que o número de cetano das misturas JME-TPO era mais elevado do que o da mistura TPO-diesel. A eficiência térmica do travão foi reduzida para misturas de 30%, 40% e 50% de TPO à potência nominal. Verificaram que o comportamento do motor em termos de combustão e emissões se alterou em relação ao comportamento normal de funcionamento após 20% de TPO na mistura. A combustão das misturas JME-TPO começou mais cedo do que a do combustível diesel devido ao maior número de cetano e teor de oxigénio. Os autores sugeriram que uma mistura de 20% de TPO com JME tinha uma qualidade superior à das outras misturas. A plena carga, o nível de emissões de CO, HC e fumo foi inferior em cerca de 9,09%, 8,6% e 26%, respetivamente, para o JMETPO20, quando comparado com o do gasóleo. No entanto, registou-se um aumento do nível de NOX de cerca de 24% em relação ao funcionamento normal do gasóleo.

Sachin *et al,* (2013) efectuaram uma análise do desempenho e das emissões de um motor de ignição por compressão alimentado com misturas de óleo de plástico usado e gasóleo a cargas variáveis. O óleo foi produzido pelo processo de pirólise catalítica de resíduos de polietileno de alta densidade (HDPE). Os seus resultados mostraram que o consumo específico de combustível na travagem aumentou e a eficiência térmica foi reduzida quando se utilizaram misturas de óleo plástico em comparação com o gasóleo. Para todas as misturas de combustível, a eficiência mecânica aumentou com a potência de travagem. Os autores referiram que o dióxido de carbono nos gases de escape foi reduzido a todas as cargas para todas as misturas, enquanto a quantidade de NOX e CO aumentou com o aumento da percentagem de WPO nas misturas. O funcionamento do motor com óleo de plástico usado também resultou em emissões de HC mais elevadas do que o funcionamento normal com gasóleo.

Frigoa *et al,* (2014) avaliaram a possibilidade de utilizar um combustível sintetizado a partir de resíduos de pneus. Utilizaram o craqueamento térmico para obter o combustível líquido e as suas propriedades, como a densidade, a viscosidade, o poder calorífico, o índice de cetano, etc., foram analisadas e comparadas com o gasóleo. Os autores utilizaram um motor diesel de um cilindro com duas misturas, TPO20 e TPO40, para efetuar a investigação experimental. Os resultados dos ensaios mostraram que uma mistura de 20% de óleo de pirólise de pneus apresentava características quase semelhantes às do gasóleo, mas a mistura TPO40 apresentava características de combustão fracas. O atraso na ignição aumentou consideravelmente para a mistura de 40%, enquanto o TPO20 apresentou uma tendência semelhante à do gasóleo. As emissões de NOX e HC das misturas de TPO foram inferiores às do gasóleo. Embora o motor pudesse funcionar sem problemas com misturas de TPO, os autores referiram a contaminação do óleo lubrificante.

Daniel *et al*, (2015) realizaram uma investigação experimental para avaliar o desempenho e o perfil de emissões de um motor a gasóleo alimentado com óleo de plástico usado e a sua mistura com gasóleo incorporado com um sistema de recirculação dos gases de escape. Os autores relataram que houve uma redução na eficiência térmica do freio e o consumo específico de combustível do freio aumentou com o aumento da quantidade de óleo plástico nas misturas. Também estudaram o efeito da adição de etanol e éster metílico de palma às misturas, o que aumentou a estabilidade da mistura e também melhorou a eficiência térmica da travagem dos combustíveis. A mistura de óleo de pirólise e etanol apresentou menor teor de NOX e de hidrocarbonetos não queimados nos gases de escape. Durante o funcionamento com EGR e aditivo de etanol, os níveis de HC e CO aumentaram consideravelmente. Os autores concluíram que uma taxa EGR de 10% para as misturas de óleo plástico-diesel-etanol e uma taxa EGR de 15% para a mistura de ésteres metílicos podem ser implementadas com êxito sem grande redução do desempenho e das emissões.

Preetham *et al*, (2016) efectuaram uma análise da combustão de combustível derivado de resíduos de plástico através de pirólise catalítica e testaram-no num motor a gasóleo. Apresentaram resultados contraditórios no que respeita ao consumo de combustível e às emissões durante o funcionamento em motores a gasóleo. Sugeriram que a diferença se devia à diferença no processo de conversão e à matéria-prima de plástico utilizada. As propriedades do combustível, como o índice de cetano, a viscosidade, etc., variam consoante o processo utilizado. Os autores referiram uma redução da fase de combustão pré-misturada, que resultou numa temperatura elevada do cilindro durante o processo de combustão, mas o consumo de combustível manteve-se constante. As características de desempenho do motor permaneceram quase semelhantes às do funcionamento a gasóleo, mas o perfil de emissões apresentou variações significativas. Os seus resultados indicaram uma redução das emissões de óxido de azoto (NOX), monóxido de carbono e hidrocarbonetos, mas a quantidade de partículas no escape aumentou.

2.2 ANÁLISE DA COMBUSTÃO E DAS EMISSÕES

2.2.1 Aditivos oxigenados

Akasaka *et al*, (1990) estudaram o efeito da utilização de dimetilacetal (DMA) como combustível num motor diesel. Verificaram que o DMA tinha um índice de cetano de 53 e actuava como melhorador de cetano. Assim, ao contrário do álcool, não necessita de velas de ignição ou de velas de incandescência para a ignição. Referiram que, ao utilizar o DMA, a quantidade de emissões DE NOX era quase semelhante à do gasóleo, mas as emissões de fumo diminuíram consideravelmente devido ao maior teor de oxigénio. Salientaram também que, no ensaio do motor OSKA-D, as emissões de NOX COM o DMA eram inferiores às do gasóleo e as emissões de fumo eram nulas em todas as condições de carga.

Liotta *et al*, (1993) discutiram os efeitos da adição de aditivos oxigenados ao combustível e o seu efeito nas emissões de escape. Estudaram as propriedades de mistura e a estrutura molecular de vários compostos oxigenados. Relataram que as emissões de partículas do motor dependiam diretamente da concentração de oxigénio no combustível e que a quantidade de emissões DE NOX aumentava ligeiramente. Os resultados dos ensaios mostraram que houve uma redução considerável na quantidade de emissões de monóxido de carbono e de hidrocarbonetos. Sugeriram também que os aldeídos não regulamentados nas emissões de escape foram reduzidos com o aumento da percentagem de adição de oxigenado no combustível. Ao aditivo oxigenado foi adicionado um aditivo à base de peróxido que actuou como melhorador de cetano. Esta combinação mostrou melhores emissões com baixo teor de fumo.

Murayama *et al,* (1995) efectuaram ensaios exaustivos para estudar a natureza das emissões utilizando o carbonato de dimetilo (DMC) como aditivo ao combustível. Os seus resultados mostraram que a quantidade de fumo no escape diminuía proporcionalmente ao teor de oxigénio presente no combustível. Esta redução do fumo foi complementada com reduções de HC e CO na emissão. Mas os NOx aumentaram ligeiramente devido ao elevado teor de oxigénio. Este problema foi contrariado através do aumento da entrada de CO_2 utilizando o método de recirculação dos gases de escape (EGR), que reduziu eficazmente a quantidade de NOx sem aumentar a quantidade de fumo durante o funcionamento com combustível misturado com DMC. Utilizaram também a técnica de craqueamento térmico de bombas de combustão opticamente acessíveis para estudar o mecanismo de redução de fumos do carbonato de dimetilo.

Kajitani *et al.* (1997) efectuaram um ensaio para avaliar o desempenho e as características das emissões de um motor diesel de injeção direta utilizando éter dimetílico puro como combustível. Relataram que o motor a funcionar com DME apresentava uma elevada eficiência de conversão de energia e que também se registavam baixas temperaturas de escape em todas as condições de carga. O tempo de injeção do combustível foi aumentado em comparação com o do gasóleo. Também registaram emissões mais elevadas de NOX com DME, acompanhadas de uma redução da quantidade de monóxido de carbono e de emissões de hidrocarbonetos. Estudaram também a libertação de calor e a elevação da agulha do injetor e compararam com o gasóleo. Sugeriram que os aditivos lubrificantes devem ser adicionados quando se utiliza éter dimetílico como combustível, uma vez que o desgaste do injetor aumentou consideravelmente durante o funcionamento do motor com DME. As suas conclusões sugeriram também que a utilização de aditivos oxigenados como o DME reduzia a formação de fuligem nos motores diesel.

Matthew Stoner *et al,* (1999) descreveram os efeitos da adição de diferentes oxigenados ao gasóleo nas emissões de um motor de ignição por compressão opticamente acessível. A sua investigação centrou-se principalmente na forma como a estrutura molecular e o ponto de ebulição do aditivo alteram as emissões, especialmente NOX e fumo. Estudaram as características do motor após a mistura de duas percentagens de aditivo oxigenado ao combustível de base. A concentração de fuligem no interior do cilindro foi registada utilizando um método de extinção de luz laser. Os resultados dos testes indicaram que havia apenas uma pequena diferença nas características de libertação de calor após a variação do tempo de injeção para ajustar o início da combustão. Concluíram que a utilização de oxigenados reduziu consideravelmente a formação de fuligem, mas atrasou a combustão e apenas se registou uma pequena alteração na quantidade de nox.

Wang *et al.* (2000) realizaram uma investigação experimental para estudar o desempenho e as características das emissões de um motor diesel de injeção direta que funcionava apenas com combustível de éter dimetílico. Para evitar o bloqueio de vapor na linha de injeção, utilizaram um sistema de azoto comprimido a alta pressão com uma bomba de alimentação adicional na linha. Estudaram os efeitos dos vários parâmetros do sistema, tais como a distância de saliência da ponta do bico, o rácio de turbulência, o diâmetro do êmbolo, o tipo de bico, etc., no desempenho do motor ao utilizar DME como combustível. Os autores referiram que a eficiência do motor foi melhorada em comparação com o gasóleo. Os autores sugeriram que, ao utilizar combustíveis pouco voláteis como o DME, a pressão do injetor utilizada deve ser baixa. O seu relatório sugere que a eficiência do motor pode ser aumentada aumentando o número de orifícios no injetor e aumentando o diâmetro do êmbolo. O estudo indicou que o DME pode ser utilizado num motor de ignição por compressão a diferentes velocidades e cargas sem quaisquer dificuldades. A investigação mostrou também que, quando o motor funciona com DME, a pressão de pico é mais baixa e o período de retardamento é mais curto, com maior eficiência térmica. As características das emissões revelaram uma menor quantidade de NOx, CO e HC quando comparadas com as do gasóleo.

Ki Hoon *et al,* (2003) realizaram um estudo de modelização para compreender como a utilização de compostos oxigenados afectava a combustão. Os autores utilizaram um modelo de reator de pressão constante para examinar o efeito dos aditivos nos compostos aromáticos na combustão de etano pré-misturado. Misturaram 5% de oxigénio em massa ao etanol combustível e ao éter dimetílico e também ajustaram a temperatura inicial de modo a obter uma temperatura final uniforme para todos os combustíveis de teste. O seu relatório indicou que houve uma redução significativa das espécies aromáticas, que são a principal razão para a formação de fuligem, quando se utilizou etanol e DME. No entanto, referiram que o efeito era dominante quando se utilizava DME e concluíram que o efeito se devia à elevada entalpia de formação.

Miller *et al,* (2007) efectuaram um estudo experimental sobre a utilização de DEE como melhorador de ignição num motor diesel DI alimentado com gás de petróleo liquefeito. Os autores referiram que o DEE pode ser utilizado como um combustível renovável com baixas emissões e como um substituto viável do gasóleo. Os autores realizaram os ensaios num motor diesel DI de um cilindro, quatro tempos, arrefecido a água e naturalmente aspirado, com uma potência nominal de 3,7 kW a 1500 rpm. Observaram que, à potência nominal, a eficiência térmica do travão foi reduzida em 23% em relação à do funcionamento a gasóleo, mas as emissões melhoraram consideravelmente. Os resultados dos ensaios indicaram que, a plena carga, as emissões de NOx, de fumos e de partículas foram drasticamente reduzidas com o aditivo DEE. Contudo, quando comparado com o funcionamento a gasóleo, verificou-se um aumento das emissões de CO e HC com o funcionamento a GPL-DEE em todas as condições de carga.

Bayraktar *et al.* (2008) investigaram os efeitos da utilização de misturas de gasóleo, metanol e dodecanol de várias proporções no desempenho de um motor de ignição por compressão a diferentes taxas de compressão do motor. O autor preparou diferentes misturas com concentrações variáveis de metanol. A fim de eliminar os problemas de separação de fases, foram adicionadas pequenas quantidades de dodecanol a todas as misturas. O autor realizou o seu estudo experimental num motor de injeção direta de um cilindro arrefecido a água. Os testes do motor foram efectuados alterando a velocidade e a taxa de compressão do motor. Os parâmetros utilizados para avaliar o desempenho do motor foram o binário, o consumo específico de combustível e a eficiência de cada mistura em várias condições de carga. O autor referiu que o desempenho do motor melhorou consideravelmente, tendo sido obtido um máximo de 7% de melhoria do desempenho em comparação com o funcionamento normal do gasóleo, sem qualquer modificação da conceção do motor. Os resultados dos ensaios mostraram que a mistura com 10% de metanol é mais adequada para motores de ignição por compressão e pode ser utilizada como uma alternativa potencial ao gasóleo.

Cinar *et al,* (2010) estudaram os efeitos da proporção pré-misturada de éter dietílico (DEE) nas características de combustão e emissões de um motor HCCI-DI. As investigações foram efectuadas num motor a carga constante e velocidade constante. A injeção de DEE foi feita utilizando um injetor de baixa pressão e foi regulada eletronicamente. Foram preparadas diferentes misturas de DEE com base no rácio energético dos combustíveis e comparadas com as operações de combustível diesel convencional. Os resultados dos ensaios indicaram que, com a adição de DEE, houve um aumento da pressão no cilindro e da taxa de libertação de calor durante a combustão pré-misturada. Os autores também indicaram que a mistura de 40% de DEE produziu um efeito de "knocking" no motor e que, para misturas acima de 10% de DEE, as variações de ciclo para ciclo foram maiores em comparação com o funcionamento a gasóleo. Outra conclusão interessante é a redução das características da fuligem NOX. Os autores referiram que a temperatura dos gases de escape, os NOX e a fuligem foram reduzidos quando se utilizaram misturas de DEE com gasóleo, mas registou-se um aumento das emissões de HC e CO.

Edwin Geo *et al,* (2010) utilizaram o aditivo DEE para melhorar o desempenho do motor diesel alimentado com óleo de semente de borracha. Os autores injectaram DEE em diferentes taxas de fluxo. A análise mostrou que a injeção de DEE a uma taxa de 200 g/h melhorou a eficiência térmica de travagem do motor em quase 2%. Foram observados níveis mais baixos de fumo, hidrocarbonetos e emissões com a injeção optimizada de DEE. No entanto, a quantidade de NOX aumentou com o aumento do caudal de DEE. Também referiram que, durante o funcionamento com combustível injetado com DEE, a pressão de pico e a taxa de libertação de calor também aumentaram, o que mostra o efeito do aumento da duração da combustão e da redução do atraso da ignição devido à adição de DEE.

Rakopoulos *et al,* (2012) efectuaram um estudo experimental para avaliar as características de desempenho e emissões de um motor alimentado com gasóleo misturado com éter dietílico (DEE). Estudaram a variação das emissões de escape do motor, a eficiência do combustível, etc., quando é adicionado éter dietílico e compararam com o funcionamento com combustível puro. Utilizaram diagramas de pressão de injeção de combustível e a câmara de combustão para estudar a variação da combustão e verificaram que as variações de ciclo para ciclo eram mais elevadas para misturas com percentagens mais elevadas de DEE.

Swaminathan *et al,* (2012) realizaram um ensaio para analisar o impacto da utilização de óleo de peixe biológico com um aditivo oxigenado num motor diesel de um cilindro. Relataram que as emissões de escape ao utilizar óleo de peixe com 2% de aditivo e recirculação dos gases de escape reduziram drasticamente em todas as condições de carga. No entanto, verificou-se um aumento da quantidade de emissões de NOX acima de 50% com óleo de peixe do que com gasóleo. Os autores referiram que a adição de oxigenante no óleo e a implementação da EGR são a razão para o aumento dos NOX. Os autores sugeriram que o valor ótimo da adição de oxigenado é de cerca de 2%, acima e abaixo do qual aumentam as emissões de escape.

Karabektas *et al,* (2014) propuseram a utilização de gás natural como combustível secundário e investigaram os efeitos da utilização de éter dietílico como aditivo. O combustível de teste utilizado pelos autores foi um combustível duplo com 40% de gás natural contendo DEE como aditivo. O éter dietílico foi misturado com gasóleo em diferentes proporções volumétricas. Os autores referiram que o funcionamento do motor em modo de combustível duplo resultava num baixo desempenho e as emissões de escape eram mais elevadas do que as do combustível para motores diesel, exceto a cargas elevadas. No entanto, ao adicionar o DEE como aditivo, os autores registaram um melhor consumo de energia e uma maior eficiência térmica. Sugeriram também que, ao utilizar o DEE como aditivo, a quantidade de emissões de

NO e CO era inferior à do combustível duplo normal.

Tudu *et al,* (2015) investigaram os efeitos da utilização de um melhorador de ignição no desempenho, nas emissões e nas características de combustão de uma mistura de óleo de pirólise de pneus e gasóleo alimentada por um motor diesel de injeção direta (DI) para veículos ligeiros. Os autores utilizaram uma mistura de óleo de pneu e gasóleo com DEE adicionado em várias proporções para melhorar a ignição. Os resultados experimentais indicaram que a adição de 4% de DEE proporcionou um melhor desempenho e menores emissões do que as outras misturas à carga máxima. A quantidade de NOX nos gases de escape e o consumo de combustível foram reduzidos simultaneamente com a adição de DEE. Também foi referido que o período de atraso das misturas diminuiu com o aumento da percentagem de DEE.

Imtean *et al.* (2015) efectuaram uma investigação para melhorar o desempenho do motor a funcionar com uma mistura de biodiesel e gasóleo de pinhão-manso com a adição de n-butanol e éter dietílico em volume. Utilizaram um motor de velocidade variável com um binário constante para realizar a experiência. A adição de éter dietílico reduziu a viscosidade da mistura de biodiesel e alterou ligeiramente o poder calorífico. Os resultados do ensaio indicaram que o consumo específico de combustível foi reduzido para as misturas e a eficiência foi melhorada. Sugeriram que uma mistura de 10% de DEE apresentou características superiores às do funcionamento normal. As emissões de NOX e de CO foram consideravelmente reduzidas, mas as emissões de HC aumentaram quando se utilizou uma mistura de 10% de éter dietílico.

Patila *et al,* (2015) realizaram uma investigação para estudar os efeitos de misturas de éter dietílico oxigenado (DEE) com querosene e gasóleo num motor diesel de injeção direta. Os autores relataram que o teor de oxigénio e o número de cetano das misturas aumentaram e a viscosidade cinemática e o valor calorífico das misturas diminuíram com a adição de DEE. Sugeriram que uma mistura de 15% de DEE-diesel proporcionava um desempenho ótimo e que as misturas de DEE reduziam o compromisso entre NOX e PM de um motor diesel. Além disso, foi efectuado um estudo para determinar os efeitos da adição de querosene à mistura de 15% de DEE-diesel através da mistura com querosene. Os resultados dos ensaios experimentais mostraram que a mistura de 15% de DEE-diesel apresentou características de desempenho superiores com baixas emissões.

2.3.2 Óxidos metálicos e nano aditivos.

Lahaye *et al,* (1996) investigaram a influência da adição de óxido de cério na combustão e oxidação da fuligem. Verificaram que a fuligem gerada pela pirólise de combustíveis dopados com óxido de cério contém cério, que actua como catalisador para a oxidação posterior. Observou-se que os compostos à base de metal não tiveram influência no rendimento da fuligem. Os autores referiram que a catálise da oxidação da fuligem por este método era menos sensível aos efeitos dos gases de combustão nos motores diesel. A temperatura de ignição foi reduzida pela presença de catalisadores sem alterar a taxa de oxidação. Também referiram que o risco de sobreaquecimento era eliminado com a utilização de um catalisador.

Guru *et al,* (2002) sintetizaram compostos orgânicos dos metais Manganês (Mn), Magnésio (Mg), Cobre (Cu) e Cádmio (Ca) e utilizaram-nos como aditivos no gasóleo. Foram testadas as alterações nas propriedades com a adição de metais e foi determinado o nível ótimo de dosagem. Os autores relataram que os aditivos Mg, Cu e Ca mostraram pouco efeito nas propriedades do gasóleo. No entanto, a adição de Mn reduziu a viscosidade, o ponto de inflamação e o ponto de congelação e também melhorou o índice de cetano do combustível numa dosagem óptima de 54,2 lmol Mn/l (equivalente a 700 ppm). A eficiência do motor melhorou 0,8% quando se utilizou combustível com adição de Mn. Os níveis de emissão do motor reduziram-se significativamente com o combustível modificado. Os níveis de CO, CO_2, SO2 e O_2 foram inferiores aos do funcionamento normal do gasóleo. A formação de SO2 foi inibida porque o Mn no combustível reage com o SO2 para formar $MnSO_4$. A quantidade de partículas no escape também diminuiu devido à melhoria do índice de cetano. Sugeriram também que o aditivo pode ser utilizado com sucesso com o gasóleo, uma vez que o Mn não é um poluente.

Jung *et al*, (2005) estudaram o impacto do aditivo de cério na oxidação de partículas ultrafinas de gasóleo utilizando uma análise de mobilidade diferencial em tandem a alta temperatura. Os autores relataram que a adição de cério ao gasóleo causou variações substanciais nas distribuições de tamanho, na temperatura de apagamento e na cinética da oxidação. Foi observado que a taxa de oxidação do combustível melhorou quase 20 vezes com a adição de cério, mas a taxa de oxidação não foi comparativamente afetada pela variação do nível de dosagem. Verificaram que o aumento do fator pré-exponencial era a razão para a melhoria da taxa de oxidação. Estes resultados sugerem que as partículas de gasóleo que utilizam combustíveis diesel normais, não doseados, já eram catalisadas por metais até certo ponto, muito provavelmente a partir de metais presentes no óleo lubrificante. Concluíram que a adição de cério aumentava o número de sítios catalíticos, o que não tinha qualquer efeito sobre a energia de ativação devido à contaminação causada pelos metais presentes no óleo lubrificante. Os resultados dos ensaios mostraram também que a reatividade do gasóleo aumentava com a adição de partículas metálicas.

Risha *et al*, (2007) efectuaram um estudo experimental sobre o comportamento da combustão de nano-alumínio e água líquida. A combustão de misturas quase homogéneas de nanoalumínio e água líquida foi realizada num recipiente de pressão com janelas e as taxas de combustão foram traçadas em função de vários parâmetros. A experiência foi realizada à temperatura ambiente para uma gama de pressões diferentes numa atmosfera de árgon sem utilização de qualquer agente gelificante. Observou-se que a taxa de combustão dependia principalmente da razão de equivalência e era independente do teor de água na mistura. Verificaram que a combustão heterogénea ocorreu nas superfícies da partícula e resultou em taxas de combustão mais elevadas. Os autores relataram taxas de combustão excecionalmente rápidas a uma pressão de 4,3 MPa, que era superior à de alguns dos propulsores de alta energia. Verificaram também que a taxa de combustão em massa variava inversamente ao diâmetro das partículas e que, com a redução do diâmetro das partículas, a taxa de combustão também aumentava.

Yetter *et al*, (2009) apresentaram uma visão geral sobre a combustão de partículas nanométricas e as suas propriedades. Os autores referiram que os processos heterogéneos e de fase condensada afectam a combustão e a ignição mais em nanoescala do que em microescala. Afirmaram também que este efeito seria proeminente apenas se a temperatura do sistema permanecesse inferior à temperatura de vaporização do metal. A utilização de metais de tamanho nanométrico melhorou as propriedades gerais do combustível e aumentou a taxa de combustão, uma vez que têm uma área de superfície específica elevada e capacidade de armazenar energia. Observaram que, na maioria dos estudos, a adição de partículas nanométricas melhorou as características de desempenho.

Sajith *et al*, (2010) estudaram a influência da adição de nanopartículas de óxido de cério nas principais propriedades e no desempenho do biodiesel num motor a gasóleo. O biodiesel foi modificado através da dispersão de nanopartículas de óxido de cério por agitação ultra-sónica. As propriedades físico-químicas do combustível modificado foram medidas e os resultados dos ensaios indicaram que o biodiesel apresentou um aumento do ponto de inflamação, uma diminuição da volatilidade e um ligeiro aumento da viscosidade com o nível de dosagem das nanopartículas. Também mencionaram que a viscosidade cinemática do combustível modificado diminuiu com o aumento da temperatura. Na segunda fase, o desempenho do motor e as emissões foram estudados e comparados com o combustível de base. Os autores relataram um aumento de 1,5% na eficiência térmica do travão a um nível de dosagem de 80 ppm e uma redução no consumo específico de combustível com um aumento da adição de óxido de cério. As emissões de hidrocarbonetos e de NOX foram significativamente reduzidas com o aumento da quantidade de adição de nanopartículas. A investigação indicou uma redução de 40% na emissão de hidrocarbonetos e uma redução de 30% na emissão de NOX ao utilizar combustível modificado a um nível de dosagem de 80 ppm.

Gan *et al,* (2012) investigaram as características de combustão de nano-combustíveis com partículas de boro e ferro como aditivos. O comportamento de combustão dos combustíveis e a qualidade da suspensão foram estudados através da variação dos parâmetros. O resultado do ensaio indicou que, com o aumento da concentração de partículas em suspensão, a tendência para formar aglomerados também aumentou. No caso das nanopartículas de boro, a maioria das partículas formou aglomerados e a combustão destes dependeu do fluido de base utilizado. Os combustíveis de base utilizados pelos investigadores foram o n-decano e os combustíveis à base de etanol. Quando se utilizou o n-decano, as partículas arderam com forte intensidade e com múltiplas rupturas, enquanto que para os combustíveis à base de etanol, as partículas arderam com intensidade moderada e com rupturas contínuas. No caso do ferro, formaram-se agregados maiores que explodiram emitindo jactos em várias direcções. Observaram também que as partículas eram transportadas para a zona da chama de forma contínua e ardiam sem causar quaisquer perturbações.

O efeito dos aditivos de óxido de nano-metal, como o óxido de manganês e o óxido de cobre, no gasóleo foi estudado por Lenin *et al,* (2010). Os aditivos de óxido de metal nano de ambos os metais foram preparados utilizando o método Sol-gel e estes aditivos de óxido de metal foram depois misturados com gasóleo. Os autores relataram que a adição de óxido de nano-metal ao gasóleo reduziu a viscosidade, o ponto de inflamação e o ponto de inflamação. As características de desempenho do motor registaram uma ligeira melhoria com a utilização do combustível modificado. As emissões de escape para o combustível modificado com aditivo de nanopartículas de manganês mostraram que o NOX foi reduzido em 4% e o CO foi reduzido em 37%, no entanto, as emissões de HC foram reduzidas apenas em 1% a plena carga. Os autores sugeriram também que, ao utilizar aditivos nanométricos no motor, devem ser utilizadas técnicas de captura das emissões de nanopartículas.

R Mehta *et al,* (2014) efectuaram uma investigação para estudar as características de um motor de ignição por compressão de um cilindro utilizando nano-combustíveis. Produziram uma suspensão uniforme de nanopartículas de alumínio, ferro e boro em gasóleo por ultra-sons. Os autores ilustraram um mecanismo de combustão pormenorizado das gotículas de gasóleo e nanocombustível e a forma como este afectava as características gerais de combustão do motor. Os seus resultados mostraram que os nano-combustíveis apresentavam um menor atraso na ignição e uma maior sustentação da chama quando comparados com o gasóleo. O estudo também indicou um aumento da taxa de evaporação; no entanto, o pico de pressão no interior do cilindro foi reduzido com a utilização da suspensão de nano-diesel de alumínio. As emissões do motor também diminuíram significativamente com a utilização de nano-combustíveis de alumínio e ferro. A temperatura dos gases de escape quando se utilizou combustível modificado foi mais elevada do que quando se utilizou gasóleo, o que, por sua vez, resultou num ligeiro aumento do nível de NOX nos gases de escape.

Basha *et al.* (2014) realizaram um estudo experimental num motor de ignição por compressão a velocidade constante para determinar os efeitos da adição de nanotubos de carbono ao biodiesel de ésteres metílicos de jatrofa (JME). Uma emulsão foi preparada usando ésteres metílicos de pinhão manso com 5% de água e 2% de surfactante. Os nanotubos de carbono foram então misturados com esta emulsão e foram efectuados testes para analisar as características do motor. As emulsões de nanotubos de carbono de pinhão manso foram preparadas em três etapas com a ajuda de um agitador mecânico e de um ultrassom num recipiente de reação. Os autores referiram que a emulsão de ésteres metílicos de jatrofa com nanotubos de carbono tinha uma estabilidade de cinco dias em condições de inatividade. Os resultados revelaram que a eficiência térmica de travagem da emulsão de éster metílico de pinhão manso misturada com nanotubos de carbono era quase 4% superior à do biodiesel de pinhão manso à potência nominal. As emissões de escape foram drasticamente reduzidas com a utilização de combustível misturado com nanotubos de carbono. As emissões de fumo e de NOX para o combustível misturado com nanotubos de carbono também foram reduzidas quando comparadas com as do éster metílico de pinhão manso puro.

Alam *et al,* (2015) investigaram os efeitos da utilização de biodiesel de Mahua com nanopartículas de óxido de alumínio como combustível alternativo no motor de ignição por compressão CRDI. As nanopartículas de alumínio foram dispersas na mistura de biodiesel utilizando um ultrassom e, para evitar a sedimentação e aumentar a estabilidade da mistura, foi utilizado um surfactante catiónico. Os autores prepararam dois combustíveis diferentes com base na quantidade de nanopartículas (50ppm e 100 ppm) dispersas na mistura de biodiesel. A mistura de biodiesel modificada exibiu uma diminuição no ponto de inflamação e um aumento no valor de aquecimento quando comparada com a do combustível de base. As experiências foram realizadas num motor CRDI de velocidade constante e os resultados mostraram que a eficiência térmica da travagem foi melhorada com um aumento da quantidade de dopagem de nanopartículas. O atraso da ignição foi reduzido e a pressão de pico e a taxa de libertação de calor foram superiores às do combustível de base. Além disso, as emissões de escape, principalmente HC, CO e fumo, foram drasticamente reduzidas com a adição de nanopartículas. No entanto, registou-se um aumento do nível de NOX nos gases de escape do biodiesel misturado com nanopartículas.

Shaafi *et al,* (2015) realizaram uma investigação experimental para estudar as características de combustão e de emissão de um motor diesel de um cilindro, alimentado com misturas de gasóleo, biodiesel de soja e etanol, com alumínio como nano aditivo (D80SBD15E4S1alumina). Foi utilizado um ultrassom para obter uma suspensão estável das nanopartículas e do combustível com um agente tensioativo. Os autores relataram que as propriedades da mistura de combustível foram alteradas devido à mistura de biodiesel e nano partículas de alumínio. A densidade e a viscosidade foram reduzidas para a mistura e o índice de cetano e o valor calorífico melhoraram quando comparados com os do biodiesel. Observou-se que a eficiência térmica do combustível nano-suspenso era superior à de todos os outros combustíveis à carga máxima. No entanto, o consumo específico de energia na travagem e o consumo específico de combustível na travagem foram inferiores aos do gasóleo para o combustível modificado. Indicaram também que o combustível com mistura de alumínio apresentava uma temperatura mais baixa dos gases de escape devido à maior diferença de temperatura durante o curso de expansão. As emissões de escape do motor foram consideravelmente reduzidas, especialmente as de HC e CO, quando a mistura de nano foi utilizada como combustível. Mas o nível de NOX nos gases de escape aumentou ligeiramente. D'Silva *et al,* (2015) utilizaram nanopartículas de dióxido de titânio como aditivo de combustível num motor diesel. Os autores determinaram a concentração optimizada de nanopartículas a adicionar ao gasóleo e mediram as propriedades do mesmo. De acordo com o seu relatório, o ponto de inflamação, o poder calorífico e a viscosidade do combustível disperso melhoraram com a adição de nanopartículas. Observou-se que, com a adição de nanopartículas, houve um aumento da eficiência térmica do motor e o consumo específico de combustível foi reduzido em 22% a plena carga. No caso das emissões de gases de escape, a adição de nanopartículas resultou em níveis elevados de NOX, mas o nível de hidrocarbonetos reduziu-se em 18% e o de monóxido de carbono em 25%.

2.3.3 Controlo dos NOX e dos fumos

Os motores a gasóleo têm uma eficiência térmica mais elevada e um melhor desempenho em carga parcial do que os motores a gasolina. Ao contrário dos motores de ignição comandada, os motores diesel geram menos monóxido de carbono e hidrocarbonetos nos gases de escape. Mas os motores de ignição por compressão libertam uma grande quantidade de NOX, fumo e partículas, que podem causar efeitos perigosos no ambiente. A diminuição da qualidade do ar e a crescente preocupação com o ambiente obrigaram os investigadores a procurar tecnologias para reduzir as emissões dos motores diesel. Alguns dos trabalhos importantes realizados para controlar as emissões, especialmente de NOX, dos motores diesel são discutidos a seguir.

Ropke *et al,* (1995) estudaram a eficácia de diferentes métodos de redução de NOX em motores diesel de injeção direta. Os autores concluíram que a concentração de oxigénio na carga de admissão era um dos principais factores que determinavam a formação de NOX. O estudo foi realizado utilizando gás de síntese ou recirculação de gases de escape para variar a concentração de oxigénio na carga de admissão. Verificaram também que a temperatura de admissão, a relação hidrogénio/carbono do combustível e as capacidades térmicas específicas tinham pouco efeito na formação de NOX nos gases de escape de um motor diesel sobrealimentado.

Ladommatos *et al* (1998) efectuaram uma investigação experimental num motor diesel DI. O trabalho concentrou-se nos efeitos da recirculação dos gases de escape na combustão e nas emissões. Substituíram o oxigénio na carga de entrada por CO_2 e H_2O e verificaram que os efeitos térmicos e químicos nas emissões eram menores. Todavia, devido ao efeito de diluição, os níveis de NOX foram significativamente reduzidos, mas as emissões de hidrocarbonetos não queimados e de partículas nos gases de escape aumentaram. Observou-se que, com um aumento da temperatura de carga, a quantidade de NOX e as emissões de partículas também aumentaram. Também relataram que, quando o CO_2 foi adicionado ao ar de admissão, sem substituir o O_2, foi observada uma grande queda no NOX e um pequeno incremento nas emissões de partículas.

Kouremenos *et al,* (2001) efectuaram uma investigação para descobrir o efeito de técnicas avançadas de regulação da injeção e de recirculação dos gases de escape no desempenho do motor e nas emissões. Os autores utilizaram um modelo de combustão multi-zona para prever o mecanismo de combustão. Foi referido que o avanço da injeção melhorou a eficiência do motor, especialmente a cargas e velocidades mais elevadas. No entanto, foi observado um aumento acentuado dos níveis de NO. A fim de compensar o aumento do nível de óxido nítrico, foi implementado um sistema EGR que reduziu o nível de NO. A eficiência do motor e o pico de pressão no interior do cilindro foram reduzidos quando a técnica EGR foi utilizada. Os autores revelaram que a eficiência térmica do motor pode ser substancialmente aumentada utilizando uma combinação de recirculação dos gases de escape e de regulação avançada da injeção, mantendo as emissões a níveis normais.

O efeito da regulação da injeção no controlo dos NOX nos gases de escape de um motor de ignição por compressão com baixa rejeição de calor foi estudado por Parlak *et al* (2005). O revestimento cerâmico nos motores de baixa rejeição de calor aumentou a temperatura no interior do cilindro, resultando em níveis elevados de NOX no escape. Os autores variaram o tempo de injeção do motor para controlar a emissão de NOX e tentaram minimizar o consumo específico de combustível do travão e o compromisso do tempo de injeção. Relataram que, se não se considerasse a compensação entre NOX e BSFC, o retardamento da regulação da injeção em 4 graus de ângulo de manivela reduzia os níveis de NOX até 40% e uma redução de 6% no consumo específico de combustível nos travões. Mas com considerações de compromisso, a redução de NOX foi de cerca de 35%.

Pradeep *et al,* (2007) determinaram experimentalmente os efeitos da utilização da EGR quente para controlar os NOX num motor diesel. Neste estudo, relataram que os motores a gasóleo emitem uma quantidade elevada de NOX quando funcionam com biodiesel de pinhão-manso e utilizaram a técnica EGR quente de forma eficaz para ultrapassar este problema. O nível de EGR foi optimizado para 15% da carga de admissão sem grande queda noutras emissões e na eficiência do motor e, a esta taxa, as emissões de NO foram inferiores às do funcionamento normal a gasóleo. Verificaram também que os níveis de EGR tinham pouca influência nas emissões de fumo do motor. O aumento do nível de EGR acima de 15% resultou em fumos pesados e num desempenho mais fraco. Observou-se que, independentemente do nível de EGR, as emissões de CO e HC no funcionamento com biodiesel eram inferiores às do funcionamento com gasóleo.

Uma análise da utilização do catalisador de redução selectiva com etanol para a redução de NOX num motor diesel de alta potência foi realizada por Dong *et al.* (2008). O estudo concentrou-se principalmente na análise química do sistema. Os autores determinaram que a quantidade óptima de catalisador de prata é de cerca de 4% (em peso) e referiram que a carga tem um grande impacto no desempenho do catalisador de prata. Com cargas mais elevadas, o desempenho foi reduzido, enquanto com cargas mais baixas a eficiência de conversão de NOX foi elevada. Observou-se que, com um aumento do nível de etanol, houve um aumento da eficiência de conversão de NOX, mas os níveis de emissão de CO e HC também aumentaram. Obteve-se uma conversão de 90% de NOX quando se utilizou um catalisador novo a uma temperatura de cerca de 350-450°C, mas o tempo de vida do catalisador foi de cerca de 30 horas.

Grados *et al,* (2009) investigaram o efeito do ajuste da pressão de injeção para reduzir as emissões de NOX de um motor diesel marítimo. Os autores observaram que a pressão de pico aumentou ligeiramente quando a pressão de injeção foi reduzida. A temperatura dos gases de escape e as emissões de CO apresentaram apenas pequenas variações. Os resultados dos ensaios indicaram que, dependendo da unidade de medida, a emissão de NOX pode variar. As emissões de NOX, medidas em g/kWh e ppm, apresentaram variações nas mesmas condições de funcionamento. O NOX medido em g/kWh variou de forma inversamente proporcional à potência de saída, mas esta tendência não foi seguida quando foi expressa em concentração volumétrica (ppm). Além disso, as concentrações volumétricas dependeram diretamente do modo de ensaio aplicado.

Tauzia *et al,* (2010) investigaram o efeito da injeção de água num motor diesel common rail. Os autores descreveram os efeitos de arrefecimento da injeção de água em vários parâmetros, como a libertação de calor, as emissões de NOX e de partículas, etc. Os resultados dos ensaios indicaram que a técnica de injeção de água pode reduzir consideravelmente o nível de NOX num motor diesel, mas referiram que a quantidade de água injectada deve ser de cerca de 60% da massa de combustível para se obter uma redução de 50% dos NOX. Observou-se que, a cargas mais baixas, a técnica EGR era mais eficaz do que a injeção de água. No entanto, a cargas mais elevadas, a injeção de água funciona melhor do que a EGR.

Maiboom *et al,* (2011) estudaram os efeitos da injeção de uma emulsão de água em gasóleo num motor Diesel HSDI. As experiências foram realizadas com diferentes pressões de injeção e injecções piloto. Os autores relataram que, quando a pressão de injeção foi reduzida, as emissões de NOX também diminuíram e os níveis aumentaram com o aumento da pressão de injeção. A redução de NOX foi proeminente em cargas mais baixas e o efeito da emulsão de água e EGR foi mínimo em cargas mais altas. A matéria particulada também foi reduzida significativamente com esta técnica. Observou-se que, quando se utilizou a combinação de emulsão de água-diesel e EGR, tanto as emissões de NOX como as de PM foram reduzidas e o compromisso entre NOX e PM melhorou consideravelmente.

Dawody *et al,* (2013) descreveram várias estratégias para reduzir as emissões de NOX de um motor a gasóleo alimentado a biodiesel. Verificou-se que a utilização de biodiesel aumentou consideravelmente a quantidade de emissões de NOX em todas as condições de funcionamento. Os autores utilizaram várias estratégias para controlar os NOX, como o arrefecimento da temperatura do ar, o retardamento do tempo de injeção, a alteração do desenho da cuba do pistão, a recirculação dos gases de escape, a variação do diâmetro dos bicos injetores, etc. Observou-se que todas as estratégias reduziram uma das emissões e aumentaram a outra. Contudo, a técnica da temperatura do ar de arrefecimento conseguiu reduzir simultaneamente os NOX, os fumos e o consumo específico de combustível. Quando se utilizou o método de otimização multidimensional, conseguiu-se uma redução de 50% nos NOX e de 43% no compromisso NOX-PM.

O impacto da utilização de anti-oxidantes num motor alimentado a biodiesel foi estudado por Velmurugan *et al,* (2015). Os autores avaliaram experimentalmente os efeitos da adição de três anti-oxidantes na emissão de NOX do motor. A concentração de anti-oxidante foi variada de 100 ppm a 1000 ppm para cada composto e os resultados foram registados. Numa abordagem mais ampla, a mistura de biodiesel de sementes de manga e anti-oxidante resultou num nível mais baixo de NOX no escape. No entanto, o anti-oxidante cloridrato de piridoxina (PHC) apresentou a redução máxima de NOX do que os outros aditivos. O nível mais baixo de NOX foi registado quando se utilizou uma mistura de biodiesel e 250 ppm de PHC a 80% de carga. Embora os níveis de NOX tenham sido reduzidos, a quantidade de fumo, CO e HC no escape aumentou ligeiramente em comparação com o funcionamento normal. No entanto, referiram que os níveis de emissão eram inferiores aos níveis de emissão do gasóleo.

2.3 LACUNA DE INVESTIGAÇÃO

Com base na extensa revisão da literatura, verifica-se que, apesar de terem sido comercializados muitos combustíveis alternativos, a redução das emissões sem comprometer o desempenho do motor continua a ser um desafio para os investigadores. Também é evidente que o óleo de plástico sintetizado por pirólise pode ser utilizado como alternativa ao gasóleo em motores de ignição por compressão e apenas alguns trabalhos foram realizados para estudar o impacto da utilização de óleo de plástico em motores de ignição por compressão ligeiros. No entanto, os estudos anteriores revelam que as características de desempenho, combustão e emissão do motor alimentado com óleo plástico são inferiores quando comparadas com as operações com gasóleo. Assim, no presente estudo, foi feita uma tentativa de avaliar o potencial do óleo plástico como combustível alternativo para um motor de ignição por compressão alimentado com óleo plástico. Além disso, são estudadas diferentes técnicas para melhorar o desempenho de um motor a gasóleo alimentado com óleo plástico. É efectuada uma análise comparativa para compreender o potencial de cada técnica e também para determinar o melhor método possível para implementar o óleo plástico como alternativa ao combustível diesel convencional.

CAPÍTULO 3

OBJECTIVO

Estão a ser realizadas muitas investigações para reduzir a dependência do petróleo bruto e os problemas ambientais causados pela utilização de combustíveis fósseis. A utilização de recursos energéticos renováveis e autóctones é a melhor e mais segura forma de conseguir um crescimento limpo e eficiente da nação. Além disso, os problemas associados à eliminação de resíduos de plástico tornaram-se uma questão importante, uma vez que uma grande quantidade de resíduos está a ser depositada em aterros. Este facto obrigou os investigadores a concentrarem-se no desenvolvimento de formas eficazes de gestão dos resíduos de plástico.

Os principais objectivos desta investigação são investigar experimentalmente a adequação do óleo plástico como combustível alternativo. Além disso, é necessário analisar e melhorar as estratégias e os métodos através dos quais o óleo plástico pode ser implementado como alternativa ao gasóleo convencional, a fim de superar os desafios enfrentados pela sociedade, especialmente nos sectores dos transportes e da produção de energia. Assim, são aplicadas diferentes técnicas para melhorar as características do motor de ignição por compressão e para identificar a técnica mais adequada, que proporcionará o máximo desempenho e emissões mais limpas utilizando óleo plástico como combustível. As várias técnicas adoptadas para o efeito são as seguintes

- Misturas PO-diesel
- PO a várias pressões de abertura do bico
- Misturas PO-DEE

PO Nano-combustíveis

Assim, na presente investigação, é proposta uma solução comum para os problemas do petróleo bruto, as preocupações ambientais conexas e a gestão dos resíduos de plástico. O óleo de plástico sintetizado pelo processo de pirólise é utilizado como um potencial combustível alternativo para o motor de ignição convencional. Além disso, nesta investigação, são efectuadas várias técnicas para melhorar o desempenho do motor alimentado com PO.

CAPÍTULO 4

MATERIAIS E MÉTODOS

Nesta secção, são explicados os pormenores da configuração do motor de ensaio, os procedimentos e os métodos adoptados para realizar a investigação. São também discutidas as várias técnicas utilizadas para otimizar e melhorar o desempenho, a combustão e as características de emissão do motor diesel de injeção direta.

4.1 CONFIGURAÇÃO EXPERIMENTAL

Foi estabelecida uma instalação experimental para realizar a investigação sobre o motor diesel de injeção direta de alta velocidade para veículos ligeiros. Os ensaios foram concebidos para estimar o desempenho, as emissões e as características de combustão do motor em várias condições de funcionamento. A representação gráfica da montagem experimental é mostrada na Figura 4.1 e a vista fotográfica da montagem experimental é mostrada na Figura 4.2.

4.1.1 Motor de teste

Para a realização do presente estudo, foi utilizado um motor diesel monocilíndrico, naturalmente aspirado, a quatro tempos, refrigerado a água, que gera uma potência nominal de 3,7 kW a uma velocidade nominal de 1500 RPM. Os pormenores das especificações do motor constam do Anexo 1. A pressão de abertura do injetor de 200 bar foi recomendada pelo fabricante. Foi feita uma pequena inserção na cabeça do cilindro para montar o transdutor de pressão piezoelétrico de modo a obter os dados da pressão no cilindro. Os dados relativos ao ângulo da manivela e ao TDC foram adquiridos utilizando um codificador de alta precisão. Foi registada a média de 100 ciclos de dados de pressão do ângulo de manivela para evitar variabilidade e erro. O motor foi posto a funcionar com gasóleo e, depois de atingir o estado estacionário, passou a funcionar com óleo de plástico. O depósito de combustível foi completamente esvaziado antes de se utilizar um novo combustível. O sistema de injeção do motor foi limpo e calibrado após cada ensaio. A instalação de ensaio é constituída pelos seguintes sistemas e instrumentos de medição:

- O motor estava acoplado a um alternador e a um reóstato, para a carga eléctrica.
- Dois depósitos de combustível separados para o abastecimento de gasóleo e de óleo plástico. Uma bureta e um cronómetro para as medições de caudal.
- Uma placa de orifício e um manómetro de tubo em U para medição do caudal de ar.
- Termopares para medir a temperatura dos gases de escape, a temperatura de entrada e de saída da água de arrefecimento.
- Transdutor piezoelétrico com amplificador de carga para medições de pressão de cilindros.
- Um codificador de posição ótico de alta precisão para localizar a posição TDC.
- Um sistema digital de aquisição de dados e o software necessário para adquirir e analisar os dados do ângulo de pressão da manivela para obter os parâmetros de combustão.
- Disposições do analisador de gases de escape para medir a quantidade de HC, CO e NOx nos gases de escape.
- Medidor de fumos para medir os fumos de escape.

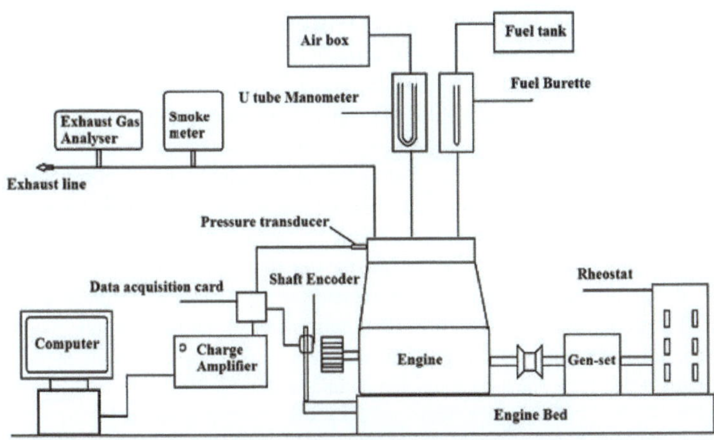

Figura 4.1 Instalação experimental

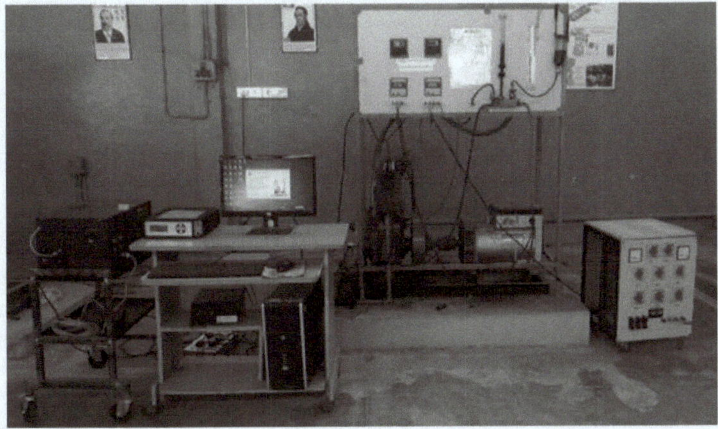

Figura 4.2 Vista fotográfica do motor de ensaio

4.1.2 Medição da temperatura

A temperatura dos gases de escape foi medida utilizando um termopar do tipo K com uma gama de -200°C a 1350°C e uma exatidão de ± 0,7%. Os termopares foram ligados a um indicador de painel digital com uma capacidade de correção automática da temperatura ambiente.

4.1.3 Medição do caudal de ar e de combustível

O fluxo de ar para o motor era dirigido através de um tanque de compensação cúbico. O tanque de compensação tinha um diafragma de borracha que eliminava as variações devidas ao efeito de pulsação e um volume de quase 1000 vezes o volume varrido do motor, o que diminuía as instabilidades no caudal de ar. Foi utilizado um manómetro de tubo em U para medir o caudal de ar. Utilizou-se uma bureta e um cronómetro para medir o caudal de combustível (em volume).

4.2 MEDIÇÃO DOS PARÂMETROS DE COMBUSTÃO

4.2.1 Medição da pressão no interior do cilindro

A pressão no cilindro do motor foi medida com a ajuda de um transdutor de pressão piezoelétrico arrefecido a ar da KISTLER. O captador de pressão foi montado na inserção feita na cabeça do cilindro e foi assegurado que não havia fugas de gases nem tensões residuais. Durante o funcionamento, o diafragma do transdutor piezoelétrico deflecte sob pressão e esta deflexão é convertida numa saída de carga, que é proporcional à pressão no interior do cilindro. Foi utilizado um amplificador de carga para amplificar a carga de saída do transdutor e para a converter em tensão equivalente. As especificações técnicas do transdutor e do amplificador de carga são apresentadas no Anexo 2. A figura 4.3 mostra a vista fotográfica do transdutor de pressão e do amplificador de carga. Os sinais de pressão no interior do cilindro provenientes do amplificador de carga foram depois enviados para um computador através de uma placa de aquisição de dados.

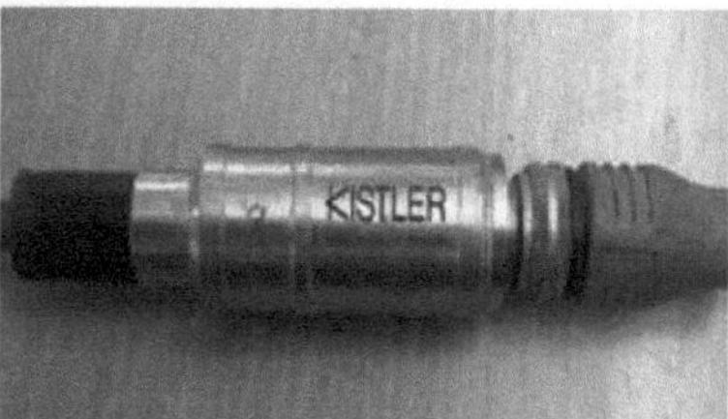

Figura 4.3 Captador de pressão e amplificador de carga

3.3.2 Codificador TDC e sensor de proximidade

A posição da manivela do motor foi determinada com a ajuda de um sensor TDC. Foi utilizado um sensor de proximidade para indicar a posição do ponto morto superior, emitindo um impulso de tensão sempre que o pistão atingia a posição TDC. A cabeça do cilindro foi removida e foi utilizado um relógio comparador para determinar a posição TDC. A posição TDC é marcada quando o relógio comparador atinge a leitura máxima ao rodar o volante do motor. O sensor de proximidade fornece uma tensão de saída sempre que o marcador da posição TDC está dentro do alcance. O codificador TDC e o sensor de proximidade são apresentados na Figura 4.4.

Figura 4.4 Codificador TDC e sensor de proximidade

4.2.3 Sistema de aquisição de dados (DAQ)

Os sinais do captador de pressão e do sensor de posição TDC foram adquiridos e armazenados num computador com software pré-instalado para utilização do sistema digital de aquisição de dados. A saída dos sensores foi primeiro convertida de analógica para digital utilizando um conversor analógico para digital. O conversor estava equipado com dezasseis canais, com possibilidade de disparo externo e interno. Os impulsos de tensão provenientes do transdutor piezoelétrico e do codificador foram enviados para canais separados e introduzidos no sistema DAQ baseado em computador. Para cada condição de funcionamento, foram registados os dados relativos a 100 ciclos consecutivos, tendo sido calculada a média desses ciclos para eliminar as flutuações e os erros nas leituras. Foi utilizado o método de suavização da média ponderada para suavizar a curva e eliminar qualquer perda de dados durante o procedimento.

4.2.4 Análise da taxa de libertação de calor

Os dados obtidos a partir do sistema DAQ foram utilizados para determinar a taxa de libertação de calor e analisar outros parâmetros de combustão. Estes dados são influenciados por diferentes factores, como a transferência de calor através das paredes do cilindro e dos gases, a taxa de combustão, as alterações no volume instantâneo do cilindro, a fricção entre o pistão e o cilindro, etc. Por isso, é essencial separar os efeitos de cada parâmetro no processo de combustão para obter uma análise exacta. Embora existam muitas técnicas para calcular a libertação de calor, a mais utilizada é a proposta por Hayes *et al,* que se baseia na primeira lei da termodinâmica. Nesta análise, assume-se que o cilindro contém uma mistura homogénea de ar e produtos de combustão e que o processo de combustão ocorre a uma temperatura e pressão uniformes.

Aplicando a primeira lei para este sistema, podemos escrever:

$$dQ_{hr} = dU + dW + dQ_{ht} \qquad (4.1)$$

dQ_{hr} - Transferência instantânea de calor para o fluido de trabalho.

dU - Variação da energia interna do fluido de trabalho

dW - Trabalho efectuado pelo fluido de trabalho

dQ_{ht} - Calor transmitido às paredes da câmara de combustão

A variação da energia interna é

$$dU = C_v/R \ (pdV+Vdp) \qquad (4.2)$$

Trabalho realizado pelo fluido de trabalho $dW = pdV$

A taxa de transferência de calor para a parede é

$$dQ_{ht}/dt = h \ A \ (T_g\text{-}T_w) \qquad (4.3)$$

Onde

    Constante do gás R

    T-Temperatura

Pressão   P

    V-Volume

C_v -Calor específico   a   volume constante

    h-Coeficiente de transferência de   calor

$Duas$ - Temperatura da parede: 400 °K

    B-Furo   em m

    P-pressão no cilindro   em bar

    T-Temperatura do gás no interior do cilindro   , em °K

$$w = \left[C_1 S_p + C_2 \frac{V_d T_c}{p_c V_c}(p - p_m) \right] \qquad (4.4)$$

w - Velocidade média do gás em m/s

Onde

S_P - Velocidade média do pistão em m/s

V_d - Volume deslocado em m^3

T_c, p_c, V_c - Temperatura, pressão e volume, respetivamente, durante a combustão

P - Pressão do cilindro durante a combustão

p_m - Pressão em estado motorizado

C_1 é 2,28 e C_2 é $3,24 \times 10^{-3}$ durante a combustão.

A partir da equação, podemos escrever a primeira lei da termodinâmica como:

$$dQ_{ht} = \frac{\gamma}{\gamma - 1} P \frac{dV}{d\theta} + V \frac{1}{\gamma - 1} \frac{dp}{d\theta} + hA_s (Tg - Tw) \frac{dt}{d\theta} \qquad (4.5)$$

Onde

P - Pressão do cilindro em bar

θ – Ângulo da manivela em graus

γ – Razão entre os calores específicos do combustível e do ar

A_s - Área em m^2

V é o volume instantâneo m^3 .

Os outros parâmetros, como o atraso de ignição, o início da combustão, o fim da combustão, etc., são determinados a partir do modelo de libertação de calor obtido utilizando a equação (4.5). O ponto de deflexão na curva de libertação de calor, em que o valor aumenta subitamente, é considerado como o início da combustão e o ponto em que 90% do calor libertado ocorreu na curva de libertação de calor é considerado como o fim da combustão. O tempo que o combustível demora a iniciar a combustão após a injeção completa do combustível é definido como o período de atraso da ignição.

4.3 MEDIÇÃO DAS EMISSÕES DE GASES DE ESCAPE

4.3.1 Medição de CO, UHC e NOX

As emissões de hidrocarbonetos não queimados, de monóxido de carbono e de NOX foram medidas com um analisador de cinco gases AVL 444 que utiliza um detetor de infravermelhos não dispersivos (NDIR). O princípio da absorção selectiva é utilizado para detetar as emissões de HC, CO e CO2 nos gases de escape. A energia infravermelha num determinado comprimento de onda associada a um determinado gás será absorvida por esse gás, o que é detectado pelo detetor NDIR. Mas no caso da emissão de NOX, esta é medida utilizando um método eletroquímico. Os gases de combustão foram primeiro passados através de um filtro e de um separador de humidade para remover partículas de poeira e humidade e depois deixados passar através do analisador de gases. O analisador de gases foi calibrado para o ponto de correção nulo antes de cada leitura para reduzir os erros. Os pormenores técnicos do analisador de gases de escape são apresentados no Anexo 3.

4.3.2 Medição de fumos

O nível de fumo nos gases de escape foi medido utilizando um medidor de fumo BOSCH. Os gases de escape foram deixados passar através de um papel de filtro branco com a ajuda de uma bomba. A passagem dos gases de combustão criará uma mancha no papel de filtro e a refletividade desta foi então medida utilizando um medidor de fumos normalizado da Bosch que consiste numa fonte de luz e num refletómetro de fotocélula anular. Antes de cada leitura, o tubo do medidor de fumos e a bomba foram completamente limpos dos gases de escape da medição anterior. As especificações técnicas do medidor de fumos constam do Anexo 4.

4.4 ESTIMATIVA DA INCERTEZA

As ambiguidades e incertezas devem ser estimadas aquando da realização de uma análise experimental. Estas imprecisões podem surgir devido a factores ambientais, a erros na calibração dos instrumentos e a erros humanos na observação e na leitura. Os valores de incerteza dos parâmetros medidos foram estimados a partir da gama e da precisão dos instrumentos. A fim de obter limites de incerteza mais exactos para os parâmetros calculados, foi utilizado o princípio do método da raiz quadrada da soma, que é dado pela equação (4.6).

$$R = \sqrt{\sum_{i=1}^{n} X_i^2} \qquad (4.6)$$

em que R é a percentagem total de incerteza e Xi é a incerteza individual dos parâmetros calculados. Utilizando a equação (4.6), a incerteza percentual total dos parâmetros calculados foi calculada e é apresentada no Anexo 5.

4.5 PROCEDIMENTO EXPERIMENTAL

Todos os ensaios foram efectuados à velocidade nominal de 1500 rpm. Todas as leituras foram efectuadas apenas depois de o motor ter atingido o estado de funcionamento estável. Antes do procedimento, o nível do óleo lubrificante e da água de arrefecimento foi verificado e todos os instrumentos foram periodicamente verificados e calibrados. O motor foi carregado de vazio a plena carga em passos de 25% em todas as condições de funcionamento. Registaram-se o caudal de combustível, o caudal de ar, a temperatura dos gases de escape, os óxidos de azoto, as emissões de monóxido de carbono e de hidrocarbonetos não queimados e os níveis de fumo. Para cada condição de funcionamento, os dados relativos ao ângulo de pressão da manivela de 100 ciclos consecutivos foram registados utilizando um sistema de aquisição de dados de alta velocidade baseado em computador. A média destes dados relativos ao ângulo de pressão da manivela foi efectuada para reduzir a variabilidade e os erros de ciclo para ciclo.

4.5.1 Metodologia experimental

As propriedades do óleo plástico puro são apresentadas na Tabela 1.3 e observa-se que a viscosidade é mais elevada para o óleo plástico do que para o gasóleo, o que causará problemas no sistema de injeção de combustível e também durante a combustão. Assim, foram adoptadas quatro técnicas diferentes para utilizar o óleo plástico como combustível num motor diesel. As técnicas utilizadas para realizar a experiência são discutidas na subsecção seguinte.

4.5.2 Modificação do combustível por mistura

A partir da revisão da literatura, verificou-se que várias misturas de óleo plástico podem ser utilizadas em motores diesel e também que a mistura de PO com diesel reduziu a viscosidade do óleo. Foram preparadas três misturas em volume com gasóleo, PO25 (uma mistura de 25% de óleo plástico e gasóleo), PO50 e PO75. Estes combustíveis foram então utilizados para fazer funcionar o motor diesel e foram anotadas as características de desempenho, combustão e emissões. As propriedades das misturas DEE e DEE-PO são apresentadas na Tabela 4.1.

Quadro 4.1 Propriedades das misturas PO e PO-diesel*

Propriedades	PO	PO25	PO50	PO75
Gravidade específica	0.83	0.837	0.832	0.83

Viscosidade cinemática (cSt) a 40°C	2.64	2.42	2.49	2.56
Poder calorífico (kJ/kg)	44200	42650	43585	43800
Índice de cetano	50	-	-	-
Ponto de inflamação (°C)	40	40	42	42

*Valores medidos

4.5.3 Modificação do motor através da variação da pressão de abertura das tubeiras.

A pressão de abertura do bico foi ajustada de modo a optimizá-la para a utilização de óleo plástico puro num motor diesel. Os ensaios de linha de base do motor foram efectuados à pressão especificada de fábrica de 200 bar para o gasóleo e o óleo plástico. O motor utilizou um injetor de combustível com mola e a pressão de abertura do bico foi variada ajustando a tensão da mola no interior do injetor. As três diferentes pressões de abertura do bico utilizadas no estudo, excluindo o valor por defeito (200 bar), foram 215 bar, 230 bar e 245 bar. Todos os parâmetros foram analisados em várias condições de carga para o óleo plástico.

4.5.4 Modificação do combustível com aditivo de éter dietílico

A principal preocupação relacionada com o óleo plástico é a sua maior viscosidade quando comparado com o gasóleo. Isto coloca problemas na atomização do combustível e na formação da mistura, resultando numa combustão deficiente. Para reduzir estas desvantagens, são utilizadas pequenas quantidades de aditivos oxigenados como potenciadores da combustão. O éter dietílico (DEE) é um aditivo oxigenado renovável obtido a partir do etanol. Tem um elevado número de cetano e teor de oxigénio, o que ajuda a taxa de combustão nos motores diesel. Os estudos mais recentes sugerem que a adição de éter dietílico ao biodiesel aumenta a eficiência térmica dos travões e resulta numa melhoria do consumo específico de combustível (Qi *et al*, Sivalakshmi *et al*, Mallikarjun *et al,*). Revela também que a adição de DEE é um método adequado para reduzir drasticamente as emissões, especialmente NOX e fumo (Subramanian *et al,* Anand *et al,* Subramanian *et al,*). Por conseguinte, o DEE foi adicionado ao óleo de plástico puro e testado num motor de ignição por compressão em diferentes condições de carga. Foram preparadas três misturas, PD5 (uma mistura de 5% de DEE com PO), PD10 e PD15, numa base volumétrica, que foram utilizadas para o ensaio no motor. A mistura de DEE foi limitada a 15% porque, acima deste limite, foi observada uma elevada taxa de detonação e um funcionamento instável. As propriedades do DEE e das misturas DEE- PO são apresentadas no Quadro 4.2.

Tabela 4.2. Propriedades das misturas DEE e DEE-PO*

Propriedades	DEE	PD5	PD10	PD15
Gravidade específica	0.714	0.83	0.827	0.821
Viscosidade cinemática (cSt) a 40°C	0.22	2.52	2.4	2.37
Poder calorífico (kJ/kg)	33870	43165	42835	42500
Índice de cetano	~125	-	-	-
Ponto de inflamação (°C)	-45	40	40	39

*Valores medidos

4.5.5 Modificação do combustível utilizando nano-combustível plástico (nano partículas de PO-alumina)

Investigações anteriores mostraram que, quando os aditivos de nanopartículas são misturados com o combustível de base, reduzem significativamente o nível de emissões. Os níveis de HC, CO e NOX nos gases de escape foram visivelmente reduzidos quando se utilizaram óxidos metálicos como aditivo (Jayaraman *et al.,*). Além disso, quando se adicionaram nanopartículas de óxido de alumínio, as características de ignição do combustível melhoraram substancialmente (Tyagi *et al,*). Além disso, aumenta a oxidação do combustível e melhora a potência do motor. Por conseguinte, foi formulado um novo nano-combustível utilizando nanopartículas de óxido de alumínio (alumina) (AON) numa base de óleo plástico para melhorar o desempenho, a combustão e as características das emissões. Foram preparados três combustíveis diferentes, PAN100 (0,1 g/l de AON misturado com óleo plástico), PAN150 (0,15 g/l de AON misturado com óleo plástico) e PAN200 (0,2 g/l de AON misturado com óleo plástico). Acima deste valor, a estabilidade das misturas foi drasticamente reduzida, o que pode provocar a formação de choques no injetor de combustível e também a emissão de uma maior quantidade de nanopartículas (Jayaraman *et al,*). Foi utilizado um tensioativo, o isopropanol (1% em volume), para obter nano-combustíveis mais estáveis. As propriedades do nano-combustível de óxido de alumínio são apresentadas na Tabela 4.3. Os resultados e as imagens da análise SEM efectuada na nanoalumina estão incluídos no Anexo 6.

Tabela 4.3. Propriedades do PO e do PO-nano-combustível*

Propriedades	PO	PAN100	PAN150	PAN200
Gravidade específica	0.837	0.833	0.829	0.821
Viscosidade cinemática (cSt) a 40°C	2.64	2.53	2.4	2.26
Poder calorífico (kJ/kg)	44200	44280	44345	44415
Índice de cetano	50	52	52	54
Ponto de inflamação (°C)	40	40	38	38

*Valores medidos

As técnicas utilizadas para realizar as experiências são apresentadas sob a forma de uma matriz de testes no Quadro 4.4.

Tabela 4.4. Matriz de teste

Combustíveis utilizados	Modificações no combustível/motor	Avaliação	Observações
Gasóleo Óleo de plástico puro	Nulo	Características de desempenho, emissões e combustão	Para gerar as leituras de linha de base do combustível de base
Misturas PO-Diesel PO25 PO50 PO75	Combustível Modificado por mistura com gasóleo	Características de desempenho, emissões e combustão	Várias proporções de PO misturadas com gasóleo, numa base volumétrica de 25%
Óleo de plástico puro PO a 215 bar PO a 230 bar PO a 245 bar	Modificação do motor através da variação da pressão de abertura dos bicos	Características de desempenho, emissões e combustão	Otimizar o pressão de injeção para PO puro para melhorar o desempenho e as características de combustão
Misturas PO-DEE PD5 PD10 PD15	Modificação do combustível efectuada por mistura DEE	Características de desempenho, emissões e combustão	DEE misturado com PO em várias proporções numa base volumétrica para melhorar a combustão e as

			emissões características
Combustível nano PO-AON PAN100 PAN150 PAN200	Modificação do combustível efectuada por formulação de nano-combustível plástico	Características de desempenho, emissões e combustão	AON misturado com |PO em três diferentes proporções, 100, 150 e 200 mg/l, para melhorar a qualidade geral características do motor.

RESULTADOS E DISCUSSÃO

O estudo das características gerais de um motor diesel é muito importante para compreender e melhorar o seu funcionamento, especialmente quando é introduzido um novo combustível. As propriedades físicas e químicas do combustível afectam grandemente o desempenho do motor. Num motor de ignição por compressão, o desempenho e as características de combustão dependem da preparação da mistura combustível-ar, do tempo decorrido entre a preparação da mistura e o início da combustão (atraso na ignição), da formação de pulverização, etc. Os parâmetros como a taxa de libertação de calor, o período de atraso e a duração da combustão são calculados a partir dos dados do ângulo pressão-manivela. Estes factores, por sua vez, afectam a formação de poluentes nas emissões de escape do motor.

No presente estudo, foram efectuadas investigações experimentais num motor de ignição por compressão para analisar o potencial do óleo plástico como substituto do gasóleo convencional e, subsequentemente, foram também estudadas as características de desempenho, combustão e emissões do motor alimentado com óleo plástico. Foram adoptadas as seguintes técnicas para melhorar as características do motor quando o óleo plástico foi utilizado:

- Mistura de óleo plástico com gasóleo (25%, 50% e 75%).
- Otimização da pressão de abertura do bico (200 bar, 220 bar e 240 bar).
- Adição de DEE ao óleo plástico (5%, 10% e 15%).
- Nano-combustível plástico com nanopartículas de alumina (0,1 g/l, 0,15 g/l e 0,2 g/l).

Os resultados das experiências realizadas com as técnicas acima referidas são analisados e discutidos nesta secção. Além disso, é feita uma análise comparativa de todos os métodos com funcionamento a gasóleo. A pressão efectiva média no travão é tomada como o parâmetro independente em relação ao qual todos os outros são comparados e as emissões são apresentadas em unidades médias de potência de travagem para uma melhor comparação.

5.1 ÓLEO PLÁSTICO E SUAS MISTURAS COM GASÓLEO

Os testes foram efectuados utilizando óleo plástico (PO) e as suas misturas em várias proporções para avaliar o desempenho, as emissões e os parâmetros de combustão. As diferentes misturas foram preparadas numa base volumétrica com gasóleo. Nesta secção, os resultados dos ensaios são analisados e comparados com os do gasóleo.

5.1.1 Análise de desempenho

(i) Eficiência térmica do travão

A eficiência térmica do travão é expressa considerando a potência de paragem de um motor como uma função da entrada térmica do combustível. É utilizada para avaliar a forma como um motor converte o calor libertado pela combustão do combustível em potência mecânica. As variações da eficiência térmica de travagem do óleo plástico puro e do gasóleo com a pressão efectiva média de travagem do motor em comparação com o gasóleo são apresentadas na Figura 5.1. A eficiência térmica máxima do travão foi observada para o gasóleo de 30,06% a plena carga, e no caso das misturas, PO25, PO50 e PO75 apresentaram uma eficiência térmica do travão de 30,01%, 29,17% e 28,26%, respetivamente, a plena carga. Quando se utiliza óleo de plástico puro, a eficiência térmica do motor diminui para 27,35%. A eficiência térmica do PO é inferior quando comparada com a do gasóleo. Isto deve-se à maior viscosidade e à baixa volatilidade do PO, que resulta numa má formação da mistura ar-combustível, o que leva a uma menor taxa de atomização do combustível. Por outro lado, a menor viscosidade do gasóleo resulta numa melhor atomização e numa melhoria da qualidade da combustão em comparação com o PO puro. A elevada viscosidade do PO aumenta o atraso na preparação da mistura ar-combustível necessária, o que provoca um aumento da taxa de combustão durante a fase de difusão. Assim, é libertada uma maior quantidade de energia na parte final do processo de combustão, o que leva a uma redução da eficiência térmica de travagem do óleo plástico puro. Além disso, o óleo plástico é constituído por hidrocarbonetos mais pesados (C_{10} - C_{30}) e cadeias aromáticas. Assim, é necessária mais energia para quebrar estes compostos mais pesados, o que diminui a eficiência térmica da travagem. Outra razão é que o valor calorífico mais elevado do óleo plástico gera uma elevada libertação de calor durante a combustão, provocando maiores perdas de calor, o que reduz a eficiência térmica do motor.

35

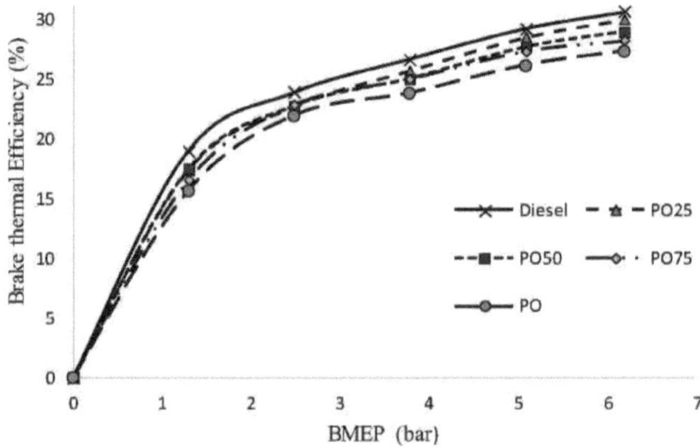

Figura 5.1. Variações da eficiência térmica do travão com a BMEP

(ii) Consumo de energia específico dos travões

O consumo de energia específico do travão (BSEC) é uma variável mais adequada para comparar os efeitos da utilização de dois combustíveis diferentes no mesmo motor. A influência da densidade e do poder calorífico do combustível durante a combustão pode ser identificada utilizando o BSEC. O desvio da BSEC em relação à pressão efectiva média média na travagem é apresentado na Figura 5.2 para o gasóleo, o PO e as misturas. A BSEC do gasóleo a plena carga é de 11,6 MJ/kWh, ao passo que é de 13,1 MJ/kWh para o óleo plástico puro. A BSEC para o PO25, PO50 e PO75 é de 12,09 MJ/kWh, 12,51 MJ/kWh e 12,93 MJ/kWh, respetivamente, à carga máxima.

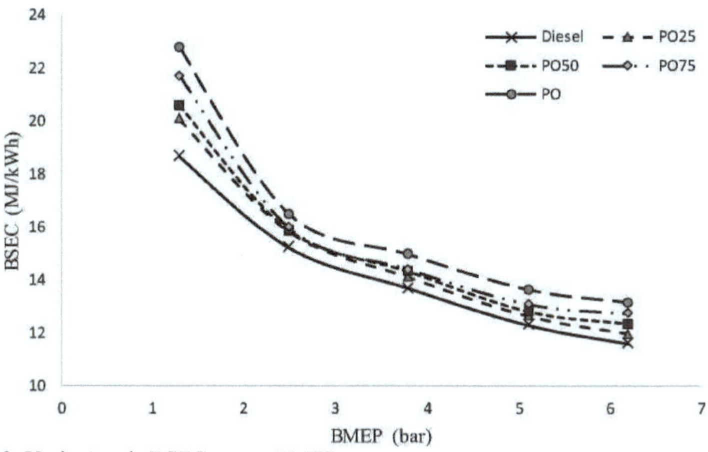

Figura 5.2. Variações da BSEC com a BMEP

A CEMN diminui consistentemente com o aumento da carga e esta tendência é seguida por todos os combustíveis de ensaio em todas as condições de carga. À potência nominal, o óleo de plástico puro apresenta um BSEC mais elevado do que o diesel e o motor; ao passo que, ao funcionar com PO, o consumo de combustível é maior para gerar a mesma potência devido à sua maior viscosidade, aumentando assim o BSEC do PO e das misturas de PO do que o do gasóleo. O valor do consumo específico de energia na travagem da mistura PO25 está mais próximo do gasóleo quando comparado com outros combustíveis de ensaio. Este facto deve-se à melhor atomização do PO25, que melhora a combustão.

(iii) Temperatura dos gases de escape

A variação da temperatura dos gases de escape com a BMEP está representada na Figura 5.3. No caso do gasóleo, aumenta de 182°C em vazio para 408°C a plena carga e, no caso do PO puro, varia de 196°C

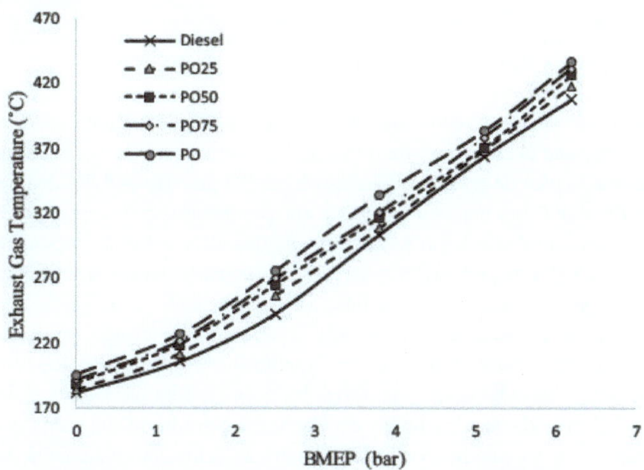

Figura 5.3. Variações da temperatura dos gases de escape com BMEP

39

Para as misturas de PO, a temperatura dos gases de escape aumenta de 184°C para 418°C para o PO25, 189°C para 430 °C para o PO50 e 192°C para 434 °C para o PO75. Verifica-se que a temperatura dos gases de escape para o PO e as misturas é mais elevada do que a do gasóleo em todas as cargas.

O valor calorífico mais elevado do PO e das misturas, que resulta numa taxa de libertação de calor mais elevada, é a razão para o aumento da temperatura dos gases de escape. Além disso, o maior atraso de ignição do PO acumula mais mistura combustível no período de combustão controlada. Isto resulta numa maior taxa de combustão durante a fase de combustão por difusão, elevando assim a temperatura dos gases de escape.

5.1.2 Análise de combustão

(i) Pressão no cilindro

A variação da pressão de pico com as pressões efectivas médias do travão e a variação da pressão do cilindro com o ângulo da manivela à potência nominal para o gasóleo, o óleo plástico e as misturas são apresentadas nas Figuras 5.4 e 5.5.

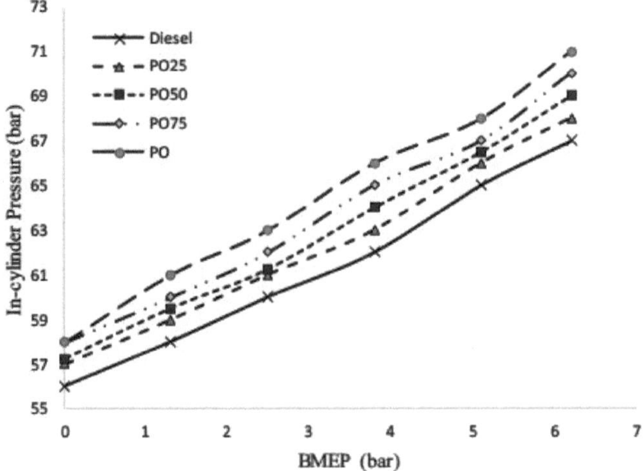

Figura 5.4. Variações da pressão de pico com a BMEP

A pressão máxima do cilindro é de 67 bar para o gasóleo e de 71 bar para o PO puro a plena carga. O pico de pressão é de 69 bar para o PO25, 69,5 bar para o PO50 e 70 bar para o PO75 à potência máxima. O pico de pressão mais elevado do PO puro (mais 5,9% do que o gasóleo) e das misturas deve-se à sua maior viscosidade em comparação com o gasóleo. Num motor diesel, o pico de pressão depende principalmente da taxa de combustão pré-misturada. Pode ver-se na Figura 4.5 que o período de retardamento é mais elevado para o PO e as suas misturas do que para o gasóleo. O período de retardamento mais longo resulta numa concentração elevada de combustível durante a fase de combustão pré-misturada. Isto aumenta a taxa de combustão e provoca um rápido aumento da pressão, resultando em pressões de pico mais elevadas do que as operações normais com gasóleo. A elevada taxa de pressão para o PO é evidente a partir do declive mais elevado no diagrama do ângulo de pressão da manivela. A pressão no interior do cilindro aumenta com o aumento da proporção de óleo plástico nas misturas. A menor viscosidade do gasóleo permite-lhe formar uma mistura ar-combustível mais combustível do que o PO, o que pode ser notado pelo avanço no início da combustão, como indicado na Figura 5.5. O menor índice de cetano e o maior poder calorífico do óleo plástico resultam em maior pressão no cilindro e maior taxa de libertação de calor do que o gasóleo.

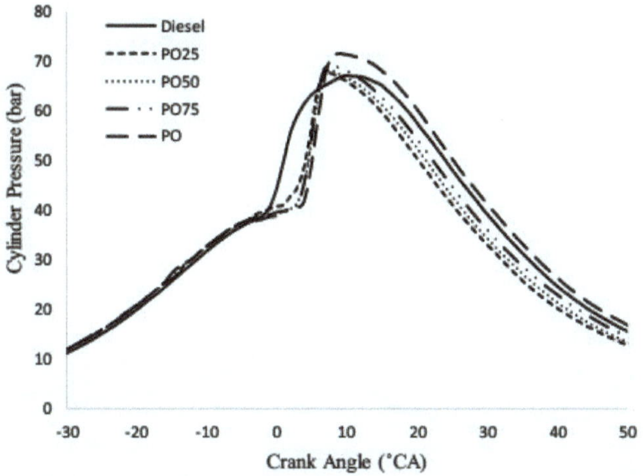

Figura 5.5. Variações da pressão no cilindro com o ângulo da manivela a plena carga

(ii) Taxa de libertação de calor

A curva da taxa de libertação de calor é uma das ferramentas mais importantes utilizadas para analisar as características de ignição e combustão de um combustível num motor diesel. A natureza da combustão, o atraso da ignição, o início e o fim da combustão, a duração da combustão, etc., podem ser determinados pela curva da taxa de libertação de calor. Os requisitos de arrefecimento do motor e a formação de poluentes também podem ser compreendidos a partir do gráfico da taxa de libertação de calor. O início da combustão é considerado como o ponto de inflexão, onde a curva de libertação de calor aumenta subitamente devido ao início da combustão pré-misturada. Os dois picos na curva de libertação de calor indicam as fases da combustão. O primeiro representa a fase de combustão pré-misturada (combustão não controlada) em que a maior parte do combustível arde, libertando uma grande quantidade de calor e potência. O segundo pico representa a fase de combustão por difusão (combustão controlada), em que a restante mistura ar-combustível é queimada. A taxa de combustão neste período é limitada pela quantidade de mistura combustível disponível no interior da câmara de combustão.

A figura 5.6 mostra a variação da taxa de libertação de calor em diferentes ângulos de manivela para o PO e o gasóleo a plena carga. O pico da taxa de libertação de calor a plena carga para o gasóleo é de 85 J/°CA, ao passo que para o PO é de 147 J/°CA. No caso das misturas de PO, o pico da taxa de libertação de calor é de 124 J/°CA para o PO25, 132 J/°CA para o PO50 e 136 J/°CA para o PO75 a plena carga. Pode observar-se que a taxa de libertação de calor do óleo plástico é superior à do gasóleo. Isto é uma consequência do maior poder calorífico e do teor de oxigénio no PO, que melhora a combustão na fase de combustão pré-misturada. Outra razão é o período de retardamento mais elevado para o PO e as misturas, que atrasa o início da combustão. A fase de combustão pré-misturada para o gasóleo é consideravelmente mais baixa em comparação com o PO. Isto deve-se à baixa viscosidade e poder calorífico do gasóleo em relação ao óleo plástico puro. O óleo plástico é constituído por cadeias aromáticas mais pesadas e mais elevadas e apresenta uma temperatura de chama adiabática mais elevada, o que constitui outra razão para a maior taxa de libertação de calor durante a fase de combustão não controlada.

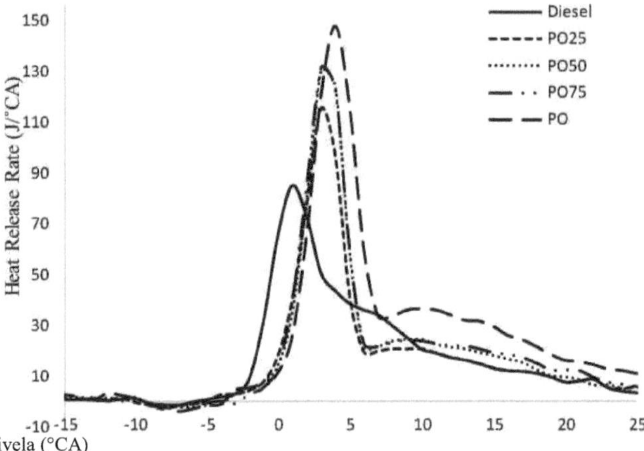

Figura 5.6. Variação da taxa de libertação de calor com o ângulo da manivela a plena carga

A fase de combustão por difusão é indicada pelo segundo pico no gráfico, que também é maior para o PO e para as misturas devido à fraca atomização e à queima de uma maior quantidade de mistura ar-combustível. Pode observar-se que a libertação de calor durante a fase de combustão por difusão aumenta com o aumento da quantidade de PO na mistura. A má formação da mistura de PO durante o período de combustão pré-misturada acumula mais mistura combustível disponível durante a fase de difusão, resultando numa elevada libertação de calor. A taxa cumulativa de libertação de calor é mais elevada para o PO e as misturas do que para o gasóleo, devido à elevada taxa de libertação de calor, que resulta do valor calorífico mais elevado e do aumento da combustão durante o período de combustão por difusão.

(iii) Atraso de ignição
O período de tempo entre o início da injeção de combustível e o início da combustão é denominado período de atraso. O período de atraso é determinado a partir da curva de libertação de calor, considerando o SOC como o ponto de deflexão (onde o valor de HR muda de negativo para positivo devido à combustão pré-misturada). O atraso de ignição do óleo plástico e do gasóleo a várias pressões efectivas médias de travagem é apresentado na Figura 5.7. O atraso de ignição à potência nominal para o gasóleo é de 8 °CA e para o PO é de 11 °CA. Para as misturas, o atraso de ignição é de 9 °CA, 9,5 °CA e 10 °CA para o PO25, PO50 e PO75, respetivamente, à carga máxima. Verifica-se que o atraso de ignição diminui com o aumento da carga porque, a cargas mais elevadas, a temperatura no interior do cilindro é mais elevada, o que aumenta a vaporização do combustível, reduzindo assim o atraso de ignição. O atraso de ignição diminui com a redução da concentração de óleo plástico nas misturas. A maior viscosidade e o menor índice de cetano do PO e das misturas reduzem a atomização do combustível no interior da câmara de combustão e aumentam o tempo de preparação da

mistura combustível, o que resulta num maior atraso de ignição. O atraso de ignição da mistura PO25 é quase igual ao do gasóleo devido às suas propriedades melhoradas em comparação com as outras misturas. Outra razão para o aumento do atraso de ignição das misturas reside nas suas fracas características de auto-ignição, o que se deve ao maior teor aromático do PO e das suas misturas.

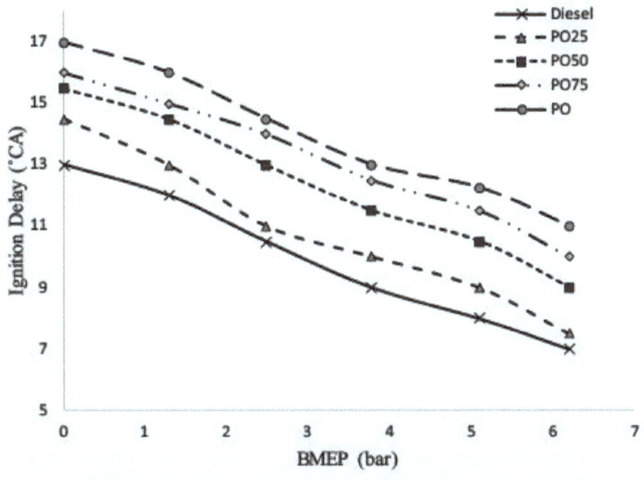

Figura 5.7. Variações do atraso de ignição com o BMEP

(iv) Duração da combustão

A duração da combustão é estimada como o tempo decorrido desde o início da combustão até ao ponto em que 90% do calor é libertado. A Figura 5.8 mostra a variação da duração da combustão para todos os combustíveis a diferentes pressões efectivas médias de travagem. A duração da combustão varia entre 30°CA em vazio e 36°CA em carga máxima para o gasóleo; enquanto que para o óleo de plástico puro, a duração da combustão varia entre 37°CA e 46°CA. No caso das misturas, varia de 33°CA a 38°CA para o PO25, 35°CA a 41°CA para o PO50 e 36°CA a 44°CA para o PO75. Observa-se que a duração da combustão aumenta com o aumento da carga e esta tendência é seguida por todos os combustíveis porque, a cargas mais elevadas, a potência adicional necessária é obtida injectando mais combustível do que a cargas mais baixas. Devido à elevada viscosidade do óleo plástico puro, acumula-se mais mistura ar-combustível durante a fase de combustão por difusão, aumentando a duração da combustão do que os outros combustíveis. A menor viscosidade e a melhor mistura do PO25 em comparação com outras misturas são a razão para a redução da duração da combustão. Isto também melhora a eficiência térmica e torna-a mais próxima da do gasóleo.

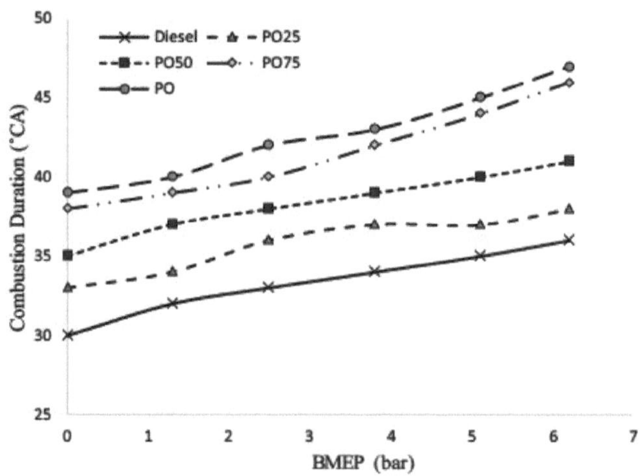

Figura 5.8. Variações da duração da combustão com a BMEP

5.1.3 Análise das emissões

(i) Emissões de NOX

Os óxidos de azoto (NOX) são o poluente mais importante nas emissões dos motores diesel. A formação de NOX depende de vários factores, como a temperatura do gás no cilindro, o teor de oxigénio e o tempo de residência. A figura 5.9 mostra a variação das emissões de NOX em função da pressão efectiva média média no travão para todos os combustíveis de ensaio. Verifica-se que os níveis de NOX do PO e das misturas são superiores aos do gasóleo em todas as cargas. A quantidade de NOX diminui de 12,83 g/kWh a baixa BMEP para 4,29 g/kWh a máxima BMEP para o gasóleo e para o PO diminui de 15,64 g/kWh para 6,18 g/kWh. As emissões de NOX para o PO25 diminuem de 14,35 g/kWh para 4,41 g/kWh; enquanto que para o PO50 e o PO75, as emissões de NOX diminuem de 14,45 g/kWh para 4,73 g/kWh e de 15,3 g/kWh para

5,22 g/kWh, respetivamente. Pode observar-se que a concentração de NOX aumenta com o aumento da quantidade de PO nas misturas.

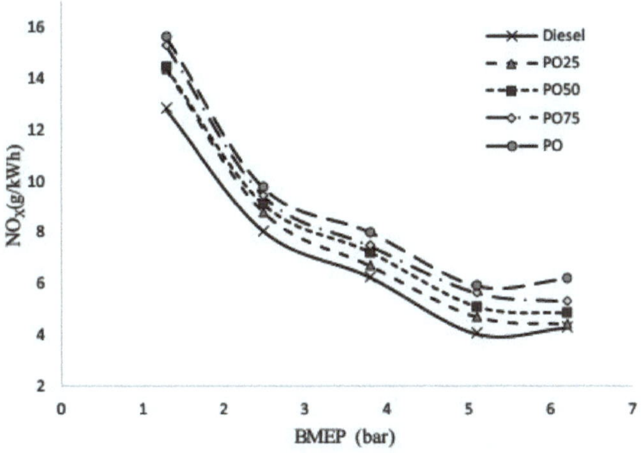

Figura 5.9. Variação do NOX com a BMEP

Os níveis mais elevados de NOX para o óleo de plástico puro em comparação com outros combustíveis de ensaio devem-se à elevada pressão no cilindro e ao atraso na ignição, que aumenta a temperatura e a taxa de libertação de calor durante a combustão. Outra razão pode ser a presença de compostos aromáticos mais elevados no óleo plástico, que apresenta uma temperatura de chama adiabática elevada, provocando uma libertação de calor elevada que resulta em níveis elevados de NOX no escape. O aumento das emissões de NOX do óleo plástico e das suas misturas resulta da elevada taxa de combustão pré-misturada devido ao período de retardamento e ao poder calorífico superiores aos do combustível para motores diesel. Isto aumenta a pressão de pico, a temperatura e a libertação de calor durante a combustão do PO e das misturas, aumentando assim a taxa de formação de NOX. A emissão média de NOX na potência de travagem diminui com o aumento da carga e esta tendência é seguida por todos os combustíveis de ensaio. Isto deve-se ao facto de, apesar de ser injectada uma maior quantidade de combustível no cilindro a cargas mais elevadas, o ar disponível para a combustão permanecer constante, o que limita a formação de NOX.

(ii) Emissão de fumo

A emissão de fumo dá uma medida da quantidade de partículas de fuligem presentes no escape. A Figura 5.10 apresenta a variação da densidade dos fumos com a pressão efectiva média do travão do motor para todos os combustíveis de ensaio. A emissão de fumos para o gasóleo aumenta de 0,53 BSU em vazio para 3,6 BSU à carga máxima, enquanto que para o PO aumenta de 1,02 BSU para 5,1 BSU. No caso das misturas, a densidade dos fumos varia entre 0,84 BSU e 4,25 BSU para o PO25, 1,3 BSU e 4,5 BSU para o PO50 e 1,9 BSU e 4,8 BSU para o PO75. É evidente a partir do gráfico que a emissão de fumo aumenta com o aumento da concentração de PO nas misturas. Os níveis de fumo mais elevados para o PO e as misturas devem-se à acumulação de uma mistura rica de ar e combustível no interior do cilindro durante o período de combustão por difusão. O elevado teor de aromáticos no PO aumenta a formação de partículas, que é o principal componente dos fumos nos gases de escape dos motores diesel. Além disso, o óleo plástico tem uma relação carbono/hidrogénio mais elevada, o que aumenta a tendência para a formação de fuligem. Mas, em comparação com outras misturas, o PO25 apresentou uma densidade de fumo quase semelhante à do gasóleo. O aumento do fumo é apenas marginal a baixa carga, mas a cargas mais elevadas há uma grande diferença na quantidade de fumo do PO em relação às outras misturas. A plena carga, a variação da quantidade de fumo aumenta em 6,25%, 13,33% e 20% para o PO em comparação com o PO75, o PO50 e o PO25, respetivamente.

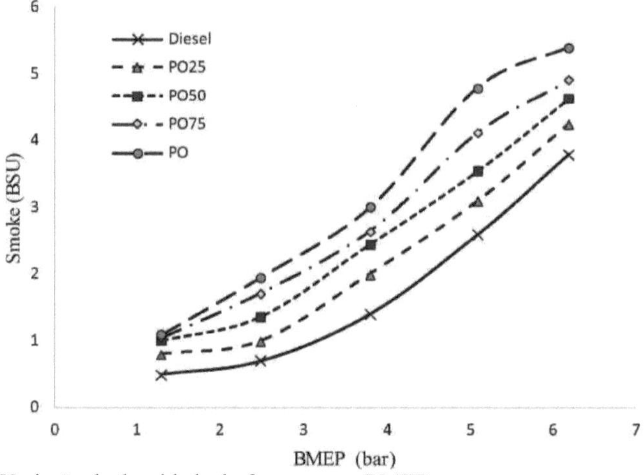

Figura 5.10. Variação da densidade do fumo com a BMEP

(iii) Emissão de hidrocarbonetos

Geralmente, as emissões de HC são muito reduzidas nos motores diesel, uma vez que estes funcionam com uma relação ar/combustível mais pobre. A principal razão para a formação de hidrocarbonetos não queimados nos gases de escape deve-se à retenção de combustível nas fendas durante a combustão. A Figura 5.11 mostra os desvios nas emissões de HC em todas as condições de carga. A emissão de HC para o óleo plástico puro e as suas misturas é elevada em comparação com a do combustível para motores diesel em todas as cargas. A emissão de HC para o gasóleo reduziu-se de 0,36 g/kWh para 0,069 g/kWh e para o PO de 0,52 g/kWh na BMEP mínima para 0,17 g/kWh na BMEP máxima. Para as misturas, a emissão de HC diminui de 0,46 g/kWh para 0,11 g/kWh para PO25, 0,48 g/kWh para 0,13 g/kWh para PO50 e 0,5 g/kWh para 0,14 g/kWh para PO75. Pode observar-se que a emissão de HC é menor para as misturas de óleos plásticos quando comparadas com o óleo plástico puro. A maior emissão de HC do PO deve-se à sua elevada viscosidade, que reduz a eficiência da combustão. A baixa volatilidade do PO e das misturas em comparação com o gasóleo deve-se ao elevado teor aromático, que conduz a uma má preparação da mistura ar-combustível. A cargas mais baixas, forma-se uma mistura rica em algumas partes da câmara de combustão, resultando numa combustão incompleta. A baixas cargas, este efeito é maior e reduz a eficiência da combustão.

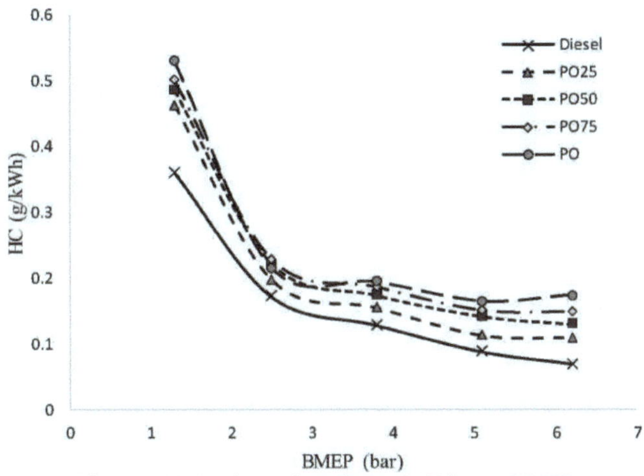

Figura 5.11. Variação da emissão de HC com BMEP

A fraca penetração da pulverização do PO e das misturas forma uma mistura não uniforme e algumas das misturas de combustível ficam presas nas fendas da câmara de combustão. Isto aumenta a quantidade de HC no escape. Pode notar-se que a emissão média de HC na travagem diminui com o aumento da carga. Isto deve-se ao facto de, a cargas mais elevadas, a temperatura no interior da câmara de combustão aumentar e a vaporização do combustível ser melhorada, conduzindo a uma melhor formação da mistura e resultando numa maior eficiência da combustão e numa menor emissão de HC.

(iv) Emissão de monóxido de carbono

A falta de oxigénio que resulta na combustão incompleta do combustível é a principal razão para as emissões de CO. O desvio das emissões de CO de todos os combustíveis de ensaio a diferentes cargas é ilustrado na Figura 5.12. As emissões de CO para o gasóleo variam entre 1,94 g/kWh a baixa carga e 0,74 g/kWh a plena carga, mas para o óleo plástico puro variam entre 2,39 g/kWh e 1,17 g/kWh. A concentração de CO para as misturas PO25, PO50 e PO75 varia de 2,01 g/kWh a 0,79 g/kWh, de 2,2 g/kWh a 0,88 g/kWh e de 2,1 g/kWh a 1,08 g/kWh, respetivamente. A concentração de CO é mais baixa para as misturas de PO do que para a operação com PO puro.

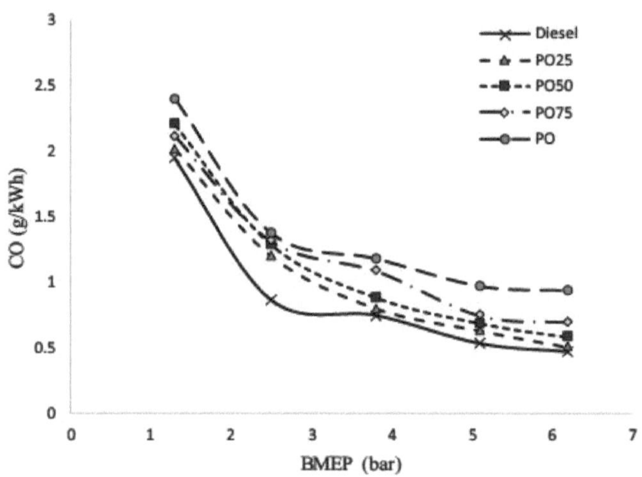

Figura 5.12. Variação do nível de CO com BMEP

A má formação da mistura de PO leva a uma combustão incompleta, resultando em níveis elevados de CO no escape. Verifica-se que os níveis de CO das misturas diminuem com a redução da concentração de PO. A menor viscosidade e a maior volatilidade das misturas aumentam a vaporização e a atomização do combustível, promovendo a combustão completa da mistura ar-combustível. Os níveis de CO reduziram em 40%, 20% e 6% para as misturas PO25, PO50 e PO75, respetivamente, quando comparados com o óleo plástico puro. A cargas mais elevadas, a eficiência da combustão é melhorada, reduzindo assim o nível de CO no escape.

A investigação experimental efectuada no motor diesel alimentado com óleo plástico puro e as suas misturas com diesel revelou que o motor pode funcionar com 100% de óleo plástico. A partir dos ensaios, verificou-se que uma mistura de 25% de PO (PO25) apresentou características de desempenho semelhantes. No entanto, as características de emissão e combustão do óleo plástico puro eram fracas em comparação com as do gasóleo. A análise mostrou que o atraso de ignição era muito elevado para o PO e que as emissões aumentavam significativamente a todas as cargas. Por conseguinte, é importante reduzir as emissões e melhorar as características de combustão do PO antes de o utilizar como um combustível alternativo para o motor diesel.

5.2 MODIFICAÇÃO DO MOTOR ATRAVÉS DA VARIAÇÃO DE NOP

O aumento da pressão de injeção de combustível é um dos métodos para reduzir as partículas, o que reduz as emissões de fumo, sem aumentar o nível de NOX no escape (Zhang *et al* e Sayin *et al*). Uma pressão de injeção mais elevada reduz o tamanho das gotículas de combustível, resultando numa maior penetração na câmara de combustão e numa melhor mistura. Assim, os efeitos da variação da pressão de injeção de combustível nas emissões, no desempenho e na combustão do motor foram analisados através da variação da pressão de injeção de combustível em diferentes condições de carga. A pressão de abertura do bico foi aumentada em passos iguais de 15 bar de 200 para 245 bar para otimizar o NOP para o motor diesel alimentado a óleo de plástico e a variação dos parâmetros foi demasiado próxima para intervalos inferiores a 15 bar. Os resultados do ensaio são apresentados e comparados com o funcionamento normal do motor diesel nesta secção.

5.2.1 Análise de desempenho

(i) Eficiência térmica do travão

A comparação das variações da eficiência térmica do travão com os valores BMEP do gasóleo e do PO a diferentes pressões de abertura do bico é apresentada na Figura 5.13. Na BMEP máxima, a eficiência térmica do travão do diesel e do PO em condições normais de funcionamento é de 30,8% e 27,4%. A eficiência térmica do travão do PO a 215 bar e 230 bar é de 28,3% e 29,29%, respetivamente; mas 26,9% para o PO a 245 bar. A razão para o aumento da eficiência térmica com o aumento da pressão de abertura do bico deve-se ao facto de a taxa de combustão ser mais elevada devido a uma melhor atomização e formação da mistura. Outra razão é o período de atraso mais curto, que antecipa o início da combustão, o que desloca o pico de pressão do ciclo para mais perto do TDC, resultando numa maior eficiência térmica. No entanto, a eficiência térmica é reduzida com o aumento do NOP, o que pode ser observado para PO a 245 bar. A pulverização do combustível é atomizada a um nível elevado a esta pressão e não consegue penetrar profundamente na câmara de combustão, o que leva a uma redução subsequente da eficiência térmica. A menor eficiência térmica do PO deve-se à elevada viscosidade e à menor atomização, resultando numa má formação da mistura. Além disso, as cadeias aromáticas mais elevadas no óleo plástico requerem mais energia para iniciar a combustão, o que provoca a redução da eficiência térmica do motor.

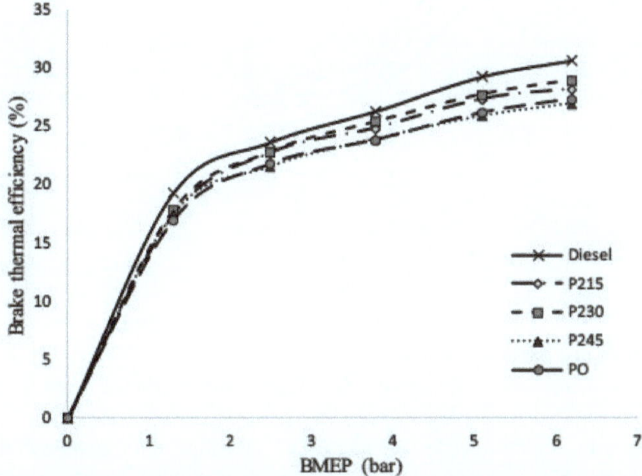

Figura 5.13. Variações da eficiência térmica do travão com a BMEP

(ii) Consumo de energia específico dos travões

A Figura 5.14 ilustra a variação da CEMF com a pressão efectiva média média no travão para todos os combustíveis de ensaio. Para condições normais de funcionamento, a BSEC do gasóleo diminui de 18,66 para 11,6 MJ/kWh, mas no caso do PO diminui de 22,03 para 13,1 MJ/kWh. À potência nominal, o óleo de plástico puro apresenta uma BSEC mais elevada quando comparado com o gasóleo e o motor, quando funciona com PO, consome mais combustível para gerar a mesma potência devido à sua maior viscosidade. O valor BSEC diminui com o aumento das pressões de abertura do bocal devido à mistura correcta da mistura ar-combustível, o que resulta numa melhor combustão. A BSEC para a PO215 diminui de 21,36 MJ/kWh na BMEP mínima para 12,8 MJ/kWh na BMEP máxima. Para a PO230, a BSEC varia de 20,93 a 12,2 MJ/kWh; enquanto que para a PO245, varia de 22,1 a 12,03 MJ/kWh. A redução da CEMF para a PO215 e a PO230 deve-se ao aumento da penetração e da distribuição da pulverização de combustível, o que conduz a uma melhoria subsequente da eficiência da combustão, mas o aumento da pressão de abertura do bico para além de 230 bar resultou num maior consumo de energia. O valor BSEC para PO a 245 bar NOP é o mais elevado de todas as condições de funcionamento. Isto deve-se ao facto de a pulverização de combustível ficar altamente atomizada e a sua capacidade de penetrar eficazmente na câmara de combustão ser reduzida. A menor penetração resulta numa mistura e distribuição inadequadas, o que leva a uma combustão incompleta. Com cargas mais elevadas, é libertada mais energia para a mesma quantidade de combustível, o que resulta em valores BSEC mais baixos com uma BMEP mais elevada.

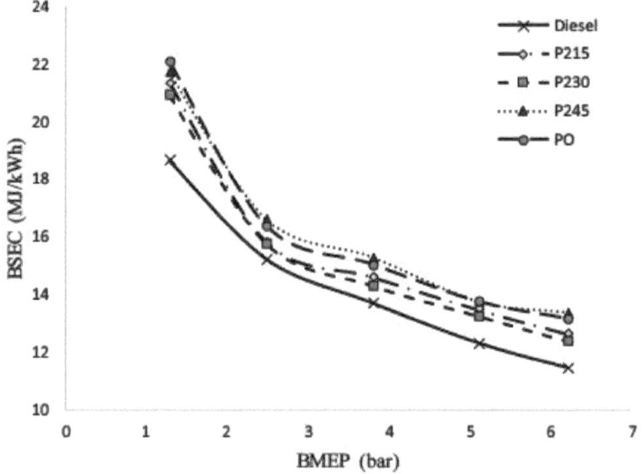

Figura 5.14. Variação de BSEC com BMEP

(iii) Temperatura dos gases de escape

As variações da temperatura dos gases de escape com a BMEP para o gasóleo são comparadas com
PO a diferentes pressões de injeção na Figura 5.15. A temperatura dos gases de escape do gasóleo aumenta de 182°C em vazio para 408°C à potência nominal e para o gasóleo puro PO varia entre 196°C e 437 °C. No caso do PO215, a EGT varia entre 199°C e 441°C e para o PO230 aumenta de 202°C na BMEP mínima para 448 °C na BMEP máxima Condição BMEP. Os valores da temperatura dos gases de escape para o PO245 aumentam de 196°C para 432 °C. Verifica-se que a temperatura dos gases de escape do PO é mais elevada do que a do gasóleo a todas as cargas. O poder calorífico mais elevado do PO provoca uma maior taxa de libertação de calor, resultando numa temperatura mais elevada dos gases de escape. Outra razão é o maior atraso de ignição do PO, que acumula mais mistura combustível no período de combustão controlada. Pode ver-se no gráfico que a temperatura dos gases de escape aumenta com o aumento da pressão de abertura do bico devido à combustão reforçada que reduz a fase de combustão controlada. Mas o valor da temperatura

dos gases de escape para PO a 245 bar é inferior a todas as outras condições de funcionamento. A razão para esta redução deve-se à combustão inferior e à menor taxa de libertação de calor devido à formação incorrecta da mistura.

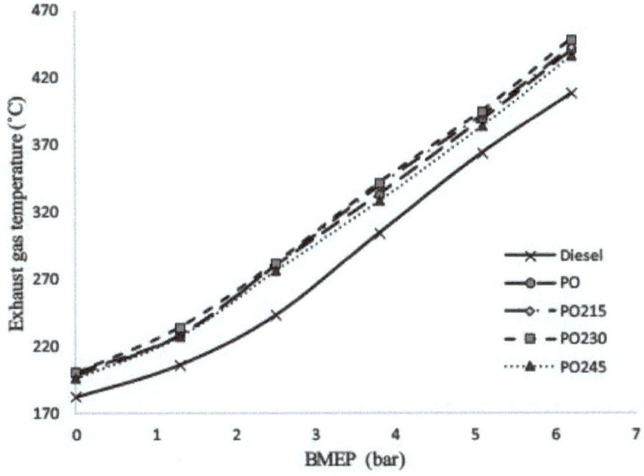

Figura 5.15. Variações da temperatura dos gases de escape com BMEP

5.2.2 Análise de combustão

(i) Pressão no cilindro

O efeito de várias pressões de abertura da tubeira na pressão de pico do ciclo à potência nominal de saída para todos os combustíveis de ensaio é apresentado na Figura 5.16. Entre todas as condições de ensaio, a pressão máxima do ciclo foi obtida para o PO230. A pressão de pico para o gasóleo aumenta de 56 bar em vazio para 67 bar à potência máxima, enquanto que para o PO varia de 58 bar a 71 bar. A pressão máxima do ciclo a várias pressões de abertura do bico varia entre 58,5 bar e 70,5 bar para o PO215 bar, entre 59 bar e 72 bar para o PO230 e entre 57,5 bar e 69,5 bar para o PO245. A elevada viscosidade e a baixa volatilidade do PO atrasam a preparação da mistura ar-combustível, o que aumenta a taxa de aumento da pressão na fase de combustão pré-misturada. O aumento da pressão de abertura do bico tem pouco efeito na pressão do cilindro.

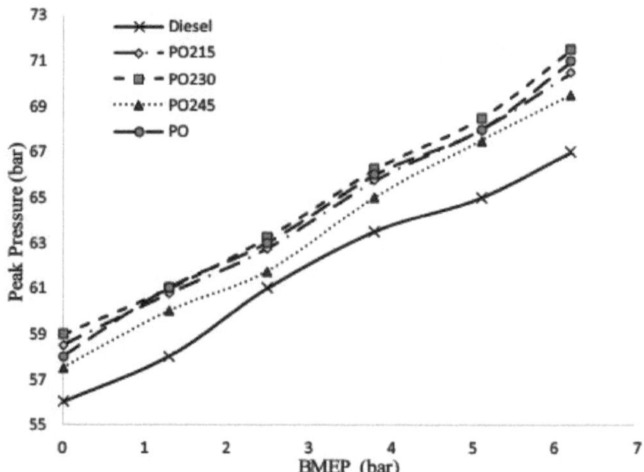

Figura 5.16. Variações da pressão de pico com BMEP

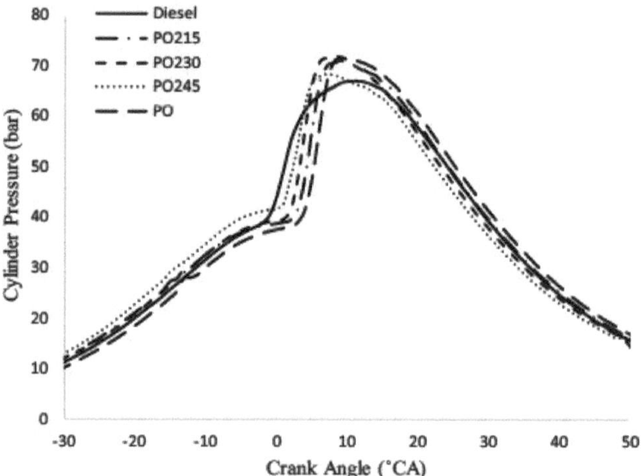

Figura 5.17. Variação da pressão do cilindro com o ângulo da manivela

Pode ser visto na Figura 5.17 que o início da combustão é avançado com o aumento das pressões de abertura do bocal. O aumento da pressão de abertura do bico permite obter uma taxa de atomização mais elevada, o que encurta o período de atraso, o que é evidente pelo início avançado da combustão. Além disso, para um determinado bico, é injetado mais combustível com um NOP mais elevado e obtém-se uma melhor mistura ar-combustível durante o período de combustão não controlada, aumentando subsequentemente a pressão máxima do ciclo. A pressão do cilindro aumenta com o aumento da pressão de injeção; contudo, a 245 bar, a pressão de pico é menor em comparação com PO, PO215 e PO230. Um aumento adicional da pressão de abertura do bico para além de 230 bar faz com que a pulverização de combustível se torne muito fina, o que reduz o nível de penetração da pulverização, resultando numa combustão deficiente e em pressões de ciclo mais baixas.

Outra razão para a redução da pressão de pico é o facto de o período de retardamento ser mais curto, reduzindo a taxa de combustão pré-misturada.

(ii) Taxa de libertação de calor

A taxa líquida de libertação de calor a plena carga para o PO e o PO a várias pressões de abertura do bico é comparada com o gasóleo na Figura 5.18. O pico da taxa de libertação de calor atingido para o gasóleo e o óleo plástico à carga máxima é de 85,44 J/°CA e 147,38 J/°CA, respetivamente. A taxa de libertação de calor mais elevada é de 153,71 J/°CA obtida para o PO a uma pressão de injeção de 230 bar, seguida de 146,5 J/°CA para o PO a 215 bar e 136,86 J/°CA para o PO a 245 bar.

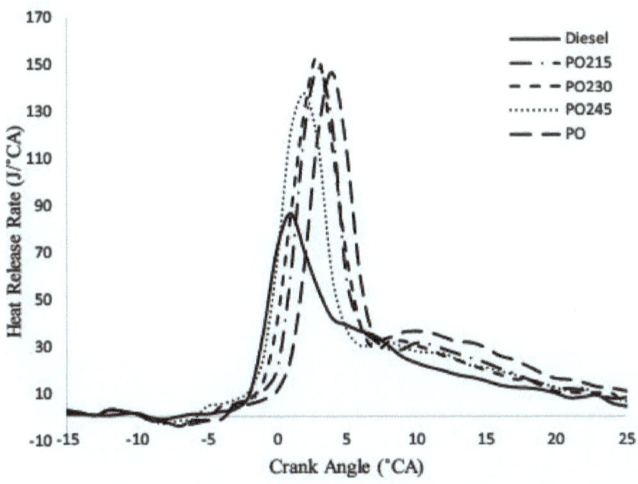

Figura 5.18. Variação da taxa de libertação de calor com o ângulo da manivela

A taxa líquida de libertação de calor do PO é superior à do gasóleo em condições normais de funcionamento. A maior libertação de calor do óleo plástico deve-se ao seu maior poder calorífico e à má formação da mistura durante o período de retardamento da ignição. A partir do gráfico, pode observar-se que a taxa líquida de libertação de calor aumenta com o aumento da pressão de abertura do bico. A taxa de combustível injetado aumenta com uma pressão de injeção mais elevada para o mesmo bico e também se forma uma maior quantidade de mistura combustível devido ao elevado grau de atomização, o que melhora a taxa de combustão, resultando numa elevada taxa de libertação de calor. O pico de libertação de calor do PO aproxima-se do ponto de pico da curva do gasóleo à medida que o NOP é aumentado, indicando a redução do atraso da ignição. A taxa de combustão pré-misturada e o atraso de ignição diminuem com o aumento da pressão de injeção devido a uma melhor mistura do combustível e a uma maior entrada de ar. Mas, no caso do PO245, o pico de libertação de calor é reduzido em comparação com outras pressões de injeção, o que se deve à menor taxa de combustão causada pela má formação da mistura. A cargas mais elevadas, a turbulência na câmara de combustão é muito elevada, o que reduz a capacidade de penetração das gotículas mais finas e mais pequenas formadas a 245 bar NOP. Esta distribuição incorrecta e não uniforme do combustível conduz a uma baixa velocidade de combustão e a uma combustão incompleta que resulta numa menor taxa de libertação de calor.

(iii) Atraso de ignição

O tempo decorrido entre o início da injeção e o início da combustão, para preparar a mistura ar-combustível combustível, é designado por período de atraso. A figura 5.19 ilustra a variação do atraso de ignição do gasóleo e do PO a várias pressões de injeção em relação à pressão efectiva média média do travão. O atraso de ignição diminui consistentemente com o aumento da BMEP e esta tendência é seguida por todos os combustíveis em todas as condições de funcionamento. Isto deve-se ao facto de a temperatura no interior do cilindro aumentar com o aumento da carga, o que, por sua vez, aumenta a vaporização do combustível, reduzindo o período de atraso. O período de atraso para o gasóleo diminui de 14 °CA à carga mínima para 8 °CA à carga máxima, enquanto que para o PO diminui de 17 °CA para 11 °CA. O atraso da ignição à carga máxima é de 10,5 °CA, 9,5 °CA e 9 °CA para o PO com NOP de 215 bar, 230 bar e 245 bar, respetivamente. O período de atraso do PO é significativamente superior ao do funcionamento normal do gasóleo. Tal deve-se à elevada viscosidade do PO e também à presença de compostos aromáticos com elevada temperatura de auto-ignição, o que resulta num aumento subsequente do período de retardamento. medida que o NOP aumenta, o período de atraso é reduzido devido à maior atomização das gotículas de combustível. A pressões mais elevadas, formam-se gotículas finas que aumentam a área de contacto do combustível com os gases quentes, resultando numa taxa de evaporação mais elevada. Isto melhora a mistura do combustível e do ar, encurtando o período de atraso e acelerando a combustão.

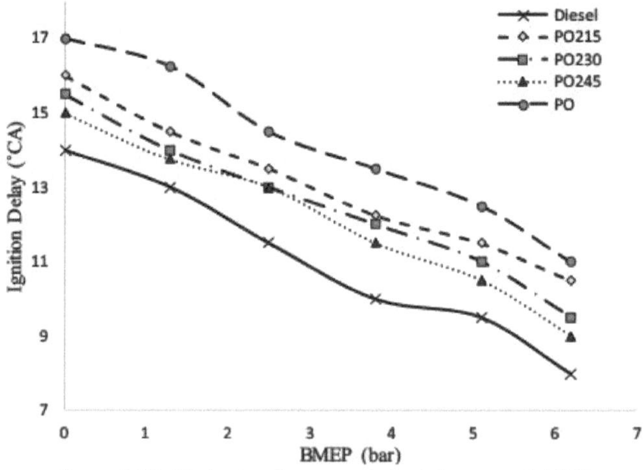

Figura 5.19. Variações do atraso de ignição com o BMEP

(iv) Duração da combustão

A duração da combustão num motor de ignição por compressão depende principalmente da disponibilidade da mistura combustível e da velocidade de combustão atingida durante a combustão. A Figura 5.20 mostra a variação da duração da combustão de todos os combustíveis a várias pressões de abertura da tubeira com a BMEP. A duração da combustão aumenta com o aumento da BMEP para todos os combustíveis em todas as condições de funcionamento. A duração da combustão do PO e do gasóleo à BMEP máxima é de 46 °CA e 36 °CA, respetivamente. A elevada viscosidade e o atraso de ignição do óleo de plástico puro acumulam mais mistura ar-combustível durante o período de combustão por difusão, aumentando a duração da combustão do que a do gasóleo com NOP normal. No caso do PO a pressões de abertura da tubeira mais elevadas, a duração da combustão é de 39,5 °CA a 215 bar, 38,5 °CA a 230 bar e 37 °CA a 245 bar.

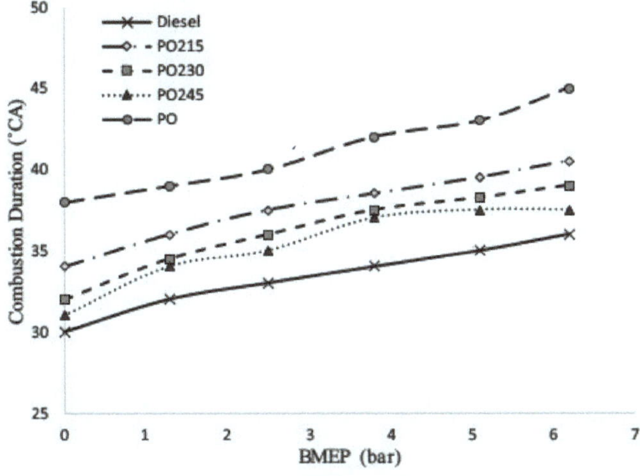

Figura 5.20. Variação da duração da combustão com a BMEP

Pode notar-se que a duração da combustão diminui com o aumento das pressões de abertura do bico; isto deve-se ao facto de, com pressões de injeção mais elevadas, o tamanho das gotículas de combustível ser significativamente reduzido. O tamanho mais pequeno das gotículas aumenta a taxa de vaporização, o que resulta num período de atraso mais curto, melhorando a taxa de combustão no período de combustão pré-misturada e reduzindo subsequentemente a fase de combustão por difusão. Além disso, a maior velocidade da chama alcançada devido à presença de mais mistura combustível também reduz a duração da combustão. No caso do PO245, a duração da combustão é reduzida drasticamente (19,5% em comparação com o funcionamento normal do PO); isto deve-se à menor taxa de combustão do PO a 245 bar, tanto na fase de combustão pré-misturada como na fase de combustão por difusão, devido à combustão incompleta, o que é evidente na curva de libertação de calor.

5.2.3 Análise das emissões

(i) Emissão de NOX

A variação da emissão média de NOX em função da potência de travagem com a BMEP a diferentes pressões de injeção de combustível é apresentada na Figura 5.21. Os níveis de NOX num motor de ignição por compressão dependem principalmente do tempo de permanência, da temperatura do pico do ciclo, do teor de oxigénio, etc. É formado pela oxidação do azoto presente no ar atmosférico dentro da câmara de combustão e o mecanismo é conhecido como mecanismo de Zeldovich. A emissão de NOX na BMEP mínima é de 12,8 g/kWh e na BMEP máxima é de 4,29 g/kWh para o funcionamento normal do gasóleo; enquanto que para o PO, varia entre 15,4 e 6,17 g/kWh. Os níveis mais elevados de NOX para o PO em comparação com o gasóleo devem-se ao maior atraso na ignição e à maior pressão no cilindro, o que aumenta a temperatura de pico e a taxa de libertação de calor durante a combustão. As emissões de NOX do PO a 215 bar, 230 bar e 245 bar aumentam de 15,2 para 6,01 g/kWh, diminuem de 15,67 para 6,52 g/kWh e são de 14,35 g/kWh na BMEP mínima e de 5,64 g/kWh na BMEP máxima. Observa-se que a PO230 tem a maior emissão de NOX em comparação com as outras condições de funcionamento. A razão para o aumento dos NOX deve-se à formação de gotículas finas que aumentam a taxa de combustão, resultando numa pressão elevada do cilindro e numa taxa elevada de libertação de calor para a PO230. O período de retardamento mais curto e a menor taxa de libertação de calor do PO215 e do PO245 são as razões para a sua menor emissão de NOX. A pressão de pico diminui com a redução do período de retardamento porque, com um período de retardamento mais longo, é acumulado mais combustível e a sua combustão provoca um aumento da pressão. Por outro lado, a maior taxa de libertação de calor implica que a temperatura no interior do cilindro também será muito elevada. A redução da emissão de NOX para o PO245 deve-se a uma menor combustão devido à formação incorrecta da mistura, o que conduz a uma pressão e temperatura de pico mais baixas no ciclo.

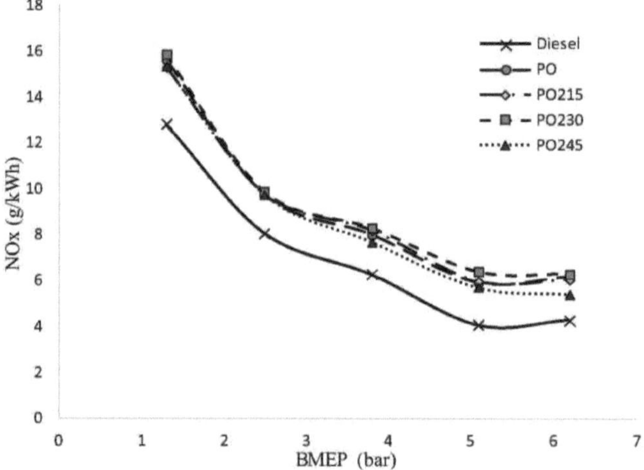

Figura 5.21. Variações das emissões de NOX com BMEP

(ii) Emissão de fumo

As emissões de fumo do motor diesel são constituídas principalmente por partículas de fuligem formadas devido à combustão incompleta dos HC. A variação dos fumos com a BMEP para o PO a várias pressões de injeção é comparada com o funcionamento normal do diesel na Figura 5.22. Os níveis de fumo para o gasóleo aumentam de 0,5 BSU a baixa BMEP para 3,8 BSU à potência nominal, e para o PO, aumentam de 1,02 BSU para 5,4 BSU. Os níveis de fumo para o PO a 215 bar NOP aumentam de 0,9 para 4,8 BSU, e para o PO a 230 bar, são 1,04 BSU a baixa BMEP e 4,71 BSU; enquanto que para o PO a 245 bar, aumentam de 1,04 para
5,71 BSU. A cargas mais elevadas, é injetado mais combustível na câmara de combustão, o que aumenta os níveis de fumo. Os níveis mais elevados de fumo nos gases de escape em funcionamento normal do PO devem-se ao elevado teor aromático, à baixa volatilidade e à elevada viscosidade do PO. Isto conduz a características de pulverização e formação de mistura deficientes, resultando numa baixa eficiência de combustão. Maiores pressões de abertura dos bicos resultaram em menores níveis de fumo nos gases de escape. Com pressões de abertura dos bicos mais elevadas, forma-se uma pulverização mais fina do combustível, o

que melhora a combustão devido à formação de uma mistura combustível superior. Além disso, é criado um ambiente muito mais pobre devido à maior distribuição da pulverização, reduzindo a formação de uma zona rica local dentro da câmara de combustão. O aumento do NOP para além de 230 bar resultou num nível de fumo mais elevado nos gases de escape. A 245 bar, a emissão de fumo aumentou cerca de 6% em comparação com o funcionamento normal do PO e este aumento deve-se ao facto de as gotículas mais finas formadas não conseguirem penetrar corretamente na câmara de combustão, reduzindo a eficiência da combustão.

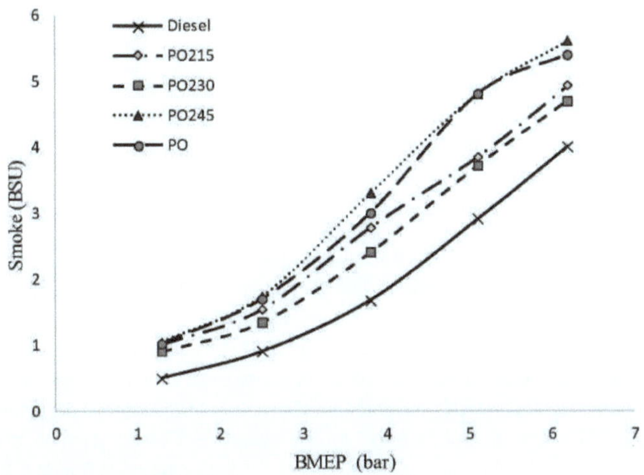

Figura 5.22. Variação da emissão de fumos com a BMEP

(iii) Emissão de hidrocarbonetos

As principais razões para a formação de HCs no motor a gasóleo são o aprisionamento do combustível no interior das fendas da câmara, a formação de um ambiente demasiado pobre e a extinção da mistura combustível. A Figura 5.23 apresenta a variação da emissão de HC do PO a várias pressões de abertura da tubeira com a BMEP. A emissão de HC para o gasóleo diminui de 0,36 para 0,07 g/kWh, e para o PO em funcionamento normal, é de 0,5 para 0,17 g/kWh. Para o PO a 215 bar, a emissão de HC varia de 0,49 a 0,15 g/kWh, para o PO a 230 bar diminui de 0,47 a 0,13 g/kWh e para o PO a 245 bar é de 0,52 g/kWh a baixa BMEP e de 0,18 g/kWh a máxima BMEP. A emissão média de HC na potência de travagem diminui com o aumento do BMEP, o que é o resultado da melhoria da eficiência da combustão. Observa-se que a emissão de HC diminui com um aumento da pressão de abertura da tubeira. Isto é o resultado de uma combustão mais completa causada pela acumulação de uma mistura ar-combustível mais combustível a pressões de injeção mais elevadas. A emissão de HC reduziu-se em 11,7% e 23,5% para PO a 215 bar e 230 bar, respetivamente. Mas para a PO a 245 bar NOP, as emissões de fumo foram mais elevadas do que no funcionamento normal da PO. O nível de fumo mais elevado para PO245 deve-se a uma mistura e distribuição inadequadas de partículas de combustível muito mais finas. Além disso, as gotículas de combustível são apagadas nas paredes do cilindro e não é possível efetuar uma combustão adequada, o que resulta em maiores emissões de HC. A 200 bar, a fraca penetração da pulverização do PO e a formação não uniforme da mistura aumentam a quantidade de HC no escape e outra razão é que algumas das misturas de combustível ficam presas nas fendas da câmara de combustão.

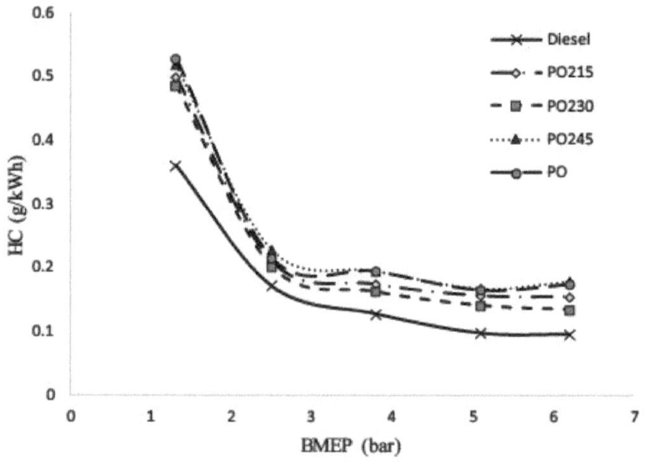

Figura 5.23. Variação de HC com BMEP

(iv) Emissão de monóxido de carbono

A Figura 5.24 apresenta uma comparação das emissões de CO do gasóleo e do PO a várias pressões de abertura da tubeira com o aumento da BMEP. A presença de CO na emissão de gases de escape indica o grau de ineficiência da combustão e, com o aumento dos valores de BMEP, as emissões médias de CO na potência de travagem diminuem de forma constante devido à maior eficiência da combustão. As emissões de CO do gasóleo e do PO em condições normais de funcionamento diminuem de 1,92 para 0,64 g/kWh e de 2,21 para 0,93 g/kWh, respetivamente. O nível de CO para o PO com NOP de 215, 230 e 245 bar varia de 2,25 a 0,79 g/kWh, de 2,16 a 0,75 g/kWh e de 2,32 a 0,99 g/kWh, respetivamente. Verifica-se que a emissão de CO diminui com o aumento da pressão de abertura do bico. A maior viscosidade e a menor volatilidade do PO diminuem a atomização e a vaporização do combustível, bloqueando a combustão completa da mistura ar-combustível. A razão para a redução dos níveis de CO com o aumento do NOP deve-se ao aumento da oxidação da mistura de combustível, promovendo uma combustão mais completa. As emissões de CO reduziram-se em 14,1% e 19,5% para PO215 e PO230; no entanto, no caso de PO a 245 bar NOP, aumentaram ligeiramente. O aumento do NOP para além de 230 bar resultou em níveis mais elevados de CO do que em todas as outras condições de funcionamento. Isto deve-se à má utilização do ar do combustível altamente atomizado, o que leva a uma combustão incompleta e aumenta a emissão de CO.

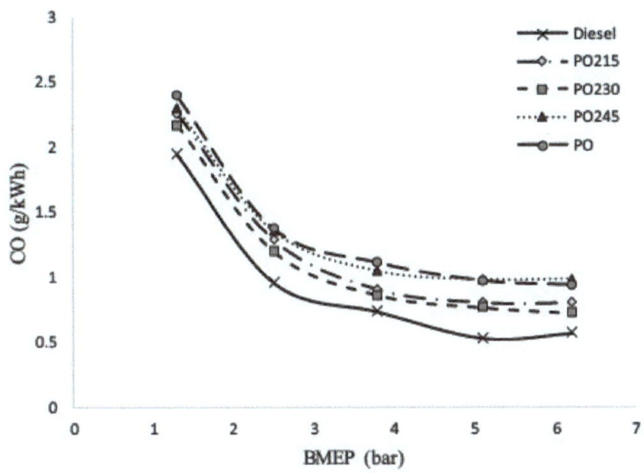

Figura 5.24. Variações das emissões de CO com BMEP

Foi estudado o impacto da variação do NOP no desempenho de um motor de ignição por compressão alimentado a PO. Foram utilizadas quatro pressões de injeção de combustível diferentes, 200 bar, 215 bar, 230 bar e 245 bar, para realizar a experiência. A partir dos resultados dos ensaios, pode notar-se que o NOP de 230 bar apresentou melhores características de desempenho e de emissões. Além disso, a pressão de pico e a taxa de libertação de calor do PO aumentam significativamente com um NOP mais elevado. Embora a emissão de fumos e HC tenha sido reduzida com um NOP mais elevado, registou-se um aumento da emissão de NOX.

5.3 MODIFICAÇÃO DO COMBUSTÍVEL POR ADIÇÃO DE DEE

Apesar de o óleo 100% plástico poder ser diretamente aplicado num motor diesel, as características de desempenho e de emissões eram fracas em comparação com o funcionamento normal do diesel. Isto deve-se à elevada viscosidade e ao baixo índice de cetano do PO puro, o que resulta em características de ignição e combustão deficientes. O éter dietílico (DEE) é um aditivo oxigenado renovável obtido a partir do etanol e tem um elevado índice de cetano e teor de oxigénio, o que ajuda a combustão num motor diesel. Foram preparadas três misturas diferentes de PO e DEE, PD5 (5% de DEE misturado com PO), PD10 e PD15, numa base volumétrica. O aumento da quantidade de DEE para além deste limite (mistura de 15%) resultou num elevado nível de detonação e a variação de ciclo para ciclo foi tão elevada que mesmo o valor médio de 100 ciclos do ângulo de pressão da manivela apresentou muitas flutuações. Nesta secção, é feita uma discussão pormenorizada sobre a análise dos parâmetros de desempenho, combustão e emissão das misturas PO-DEE e é comparada com as operações de PO puro e diesel.

5.3.1 Análise de desempenho

(i) Eficiência térmica do travão

A Figura 5.25 mostra o gráfico entre a eficiência térmica do travão e a pressão efectiva média do travão do motor quando se utiliza gasóleo, óleo plástico puro e misturas PO-DEE. A eficiência térmica máxima do travão é de 27,5% e 30,9% para o óleo plástico e o gasóleo, respetivamente, à potência nominal. No caso das misturas de PO-DEE, a eficiência térmica a plena carga é de 27,9%, 29,4% e 30,03% para PD5, PD10 e PD15, respetivamente.

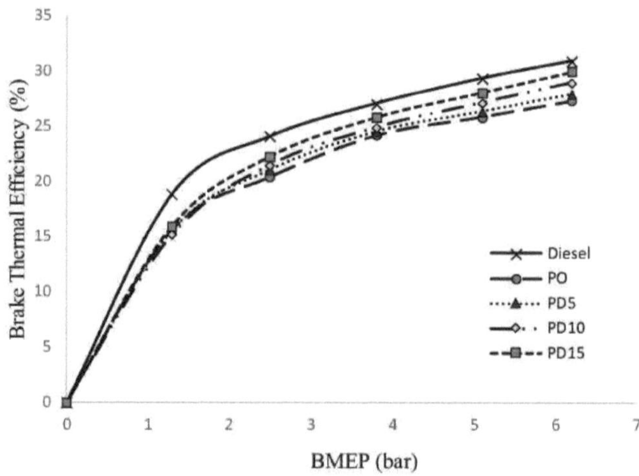

Figura 5.25. Variação da eficiência térmica do travão com a BMEP

A eficiência térmica do óleo plástico é baixa em comparação com a do gasóleo. Isto deve-se à elevada viscosidade e à fraca atomização, o que resulta numa má formação da mistura durante a fase de combustão pré-misturada. Além disso, as ligações aromáticas mais elevadas no óleo plástico requerem mais energia para serem quebradas durante a combustão, o que provoca a redução da eficiência térmica do motor. Outra razão para uma menor eficiência térmica na travagem das misturas PO e DEE em comparação com o gasóleo deve-se à maior libertação de calor durante a combustão, resultando em maiores perdas de calor. Observa-se que a eficiência térmica do travão aumenta de forma constante com o aumento da concentração de éter dietílico na mistura. O maior teor de oxigénio e o elevado índice de cetano do DEE melhoram a taxa de combustão e aumentam a eficiência térmica. A baixa viscosidade e a elevada volatilidade do DEE permite-lhe vaporizar instantaneamente e actua como fonte de ignição, provocando microexplosões em toda a câmara de combustão, melhorando a qualidade da combustão. A temperatura no interior da câmara de combustão aumenta com a carga, o que, por sua vez, aumenta a taxa de vaporização do combustível, resultando numa melhor mistura e numa maior eficiência.

(ii) Consumo de energia específico dos travões

O consumo de energia específico do travão é uma medida da quantidade de energia consumida por um motor para produzir uma unidade de potência numa hora. Quando se pretende comparar o desempenho de combustíveis com diferentes valores de aquecimento e propriedades físicas, o BSEC é o melhor e mais conveniente parâmetro. A Figura 5.26 ilustra a variação da BSEC com a pressão efectiva média média no travão para todos os combustíveis de ensaio. A BSEC diminui com o aumento da potência de travagem, o que se deve ao facto de a eficiência da combustão aumentar com o aumento da carga, libertando mais energia para a mesma quantidade de combustível.

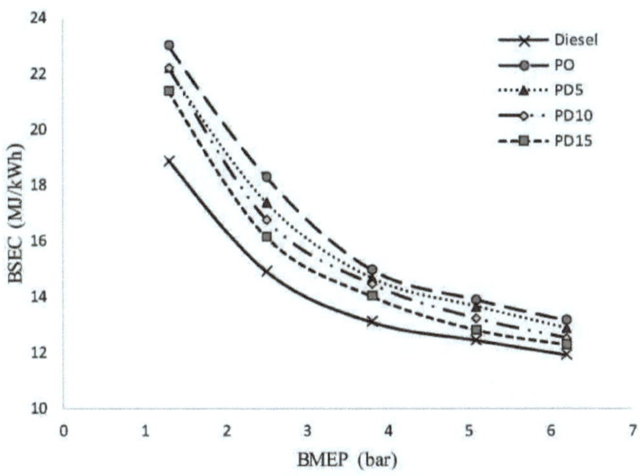

Figura 5.26. Variação da BSEC com a BMEP

A BSEC à potência nominal para o gasóleo é de 11,6 MJ/kWh, mas no caso do PO é de
é de 13,1 MJ/kWh. O BSEC é de 12,8 MJ/kWh e 12,2 MJ/kWh para PD10 e PD5,
respetivamente. O valor BSEC da mistura PD15 à carga máxima é de 12,03 MJ/kWh, o que é
mais próximo do valor do gasóleo. A redução do BSEC para as misturas DEE deve-se ao
maior número de cetano e ao maior teor de oxigénio do DEE, resultando numa melhor
eficiência de combustão. Além disso, o éter dietílico actua como um melhorador da ignição e
a adição de DEE aumenta a velocidade de propagação da chama durante a combustão. As
curvas BSEC mostram um padrão convergente com o aumento da carga devido à melhor taxa
de combustão e à maior eficiência térmica.

(iii) Temperatura dos gases de escape

A variação da temperatura dos gases de escape com a BMEP para todos os combustíveis de
ensaio é apresentada na Figura 5.27. A temperatura dos gases de escape do PO puro é elevada
em comparação com a do gasóleo e diminui com o aumento da percentagem de DEE na
mistura.

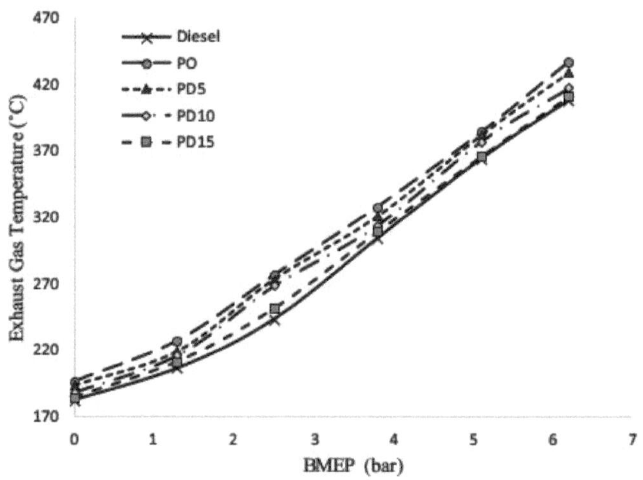

Figura 5.27 Variação da temperatura dos gases de escape com a BMEP

A temperatura dos gases de escape do PO varia de 196°C em vazio a 437°C a plena carga, enquanto que para o combustível diesel varia de 182°C em vazio a 408°C a carga máxima. A temperatura mais elevada dos gases de escape para o PO deve-se à acumulação de mais mistura combustível após o período de combustão pré-misturada, resultando numa taxa mais elevada de combustão por difusão. Para as misturas PD5, PD10 e PD15, a temperatura dos gases de escape aumenta de 193°C para 429 °C, de 188°C para 417 °C e de 184 °C para 411 °C. A adição de DEE ao PO reduz significativamente a temperatura dos gases de escape. O maior calor latente de vaporização do DEE provoca um efeito de arrefecimento no interior da câmara de combustão, resultando em temperaturas mais baixas dos gases de escape para as misturas. Além disso, o maior número de cetano e o teor de oxigénio do DEE aumentam a taxa de combustão pré-misturada, reduzindo a taxa de combustão tardia e a temperatura dos gases de escape.

5.3.2 Análise de combustão

(i) Pressão no cilindro

Para um motor de ignição por compressão, a pressão máxima do ciclo depende principalmente da taxa de combustão pré-misturada e do período de retardamento do combustível. A Figura 5.28 ilustra as variações da pressão máxima do cilindro para todos os combustíveis ensaiados. A pressão de pico aumenta de 58 bar para 71 bar para o óleo plástico e para o gasóleo varia de 56 bar para 67 bar. No caso das misturas DEE, a pressão máxima de pico varia de 58 bar para 70 bar para PD5, 57 bar para 69 bar para PD10 e 57 bar para 68,5 bar para PD15. A pressão de pico para todos os combustíveis de ensaio aumenta com a carga; a razão para tal é que, com cargas mais elevadas, é injetado mais combustível, provocando uma taxa de combustão elevada, o que resulta em pressão e temperatura mais elevadas no interior da câmara de combustão. A elevada viscosidade e a baixa volatilidade do PO atrasam a preparação da mistura ar-combustível, o que aumenta a taxa de aumento da pressão na fase de combustão pré-misturada. No caso das misturas, o pico de pressão diminui com o aumento da concentração de DEE, o que se deve ao menor poder calorífico e ao efeito de arrefecimento das misturas de DEE.

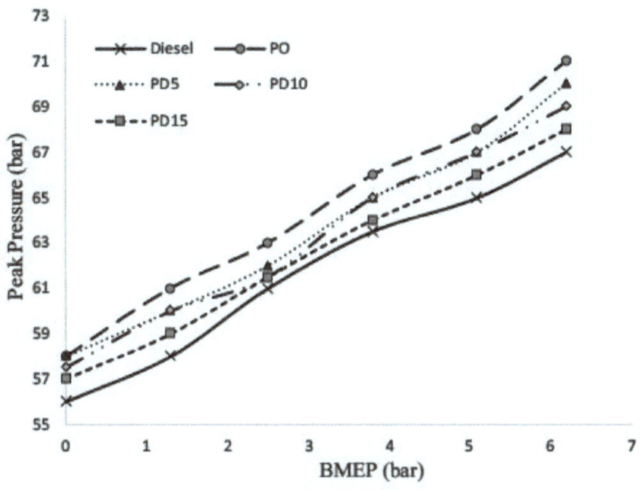

Figura 5.28. Variações da pressão de pico com BMEP

As variações da pressão do cilindro com o ângulo da manivela para todos os combustíveis são apresentadas na Figura 5.29. Pode notar-se que a pressão do cilindro diminui com o aumento da quantidade de DEE nas misturas quando comparada com o óleo plástico puro. A razão para este facto deve-se ao maior calor latente de vaporização das misturas de DEE em comparação com o óleo plástico. Além disso, o período de atraso aumenta com o aumento da quantidade de DEE em adição ao óleo plástico. É evidente a partir do gráfico que a combustão é retardada para misturas DEE. O calor latente de vaporização do DEE é elevado, o que reduz a temperatura no cilindro e aumenta o atraso da ignição, retardando assim o início da combustão.

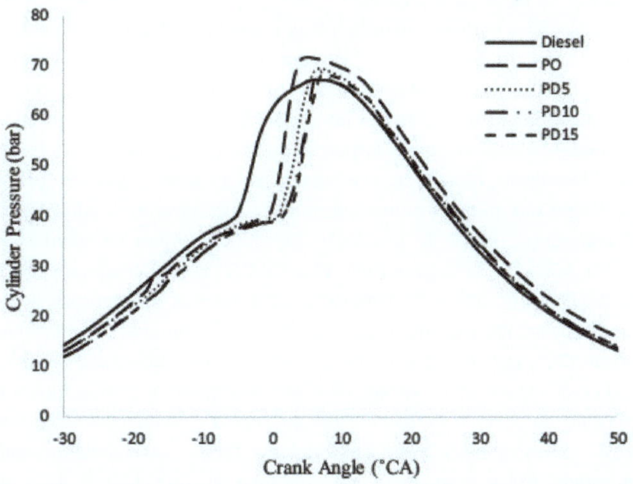

Figura 5.29 Pressão - Diagrama do ângulo da manivela à carga máxima

(ii) Taxa de libertação de calor

A Figura 5.30 mostra a taxa de libertação de calor para todos os combustíveis com o ângulo de manivela no BMEP máximo. O primeiro pico da libertação de calor indica o período de combustão não controlada, que é elevado para o PO e as misturas, e o segundo pico, que indica a fase de combustão por difusão, é também elevado para o PO. A região negativa no início do gráfico deve-se à evaporação do combustível injetado através da absorção de calor do ambiente de combustão, a que se segue a combustão pré-misturada, em que a maior parte da mistura ar-combustível sofre uma combustão rápida, libertando uma grande quantidade de calor. O gráfico revela que a taxa de libertação de calor para o PO é elevada e para as misturas diminui com o aumento da concentração de DEE.

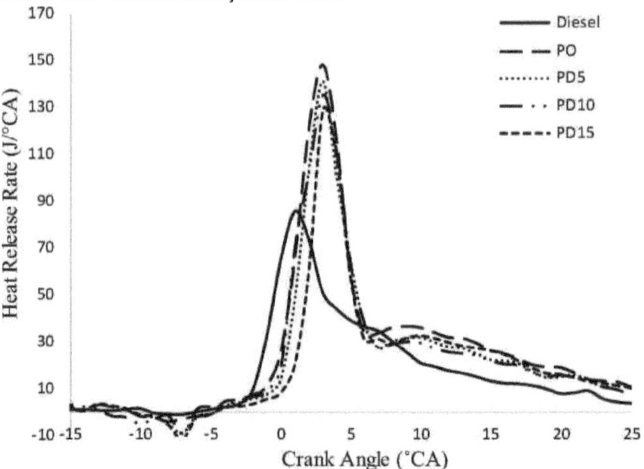

Figura 5.30. Variações da taxa de libertação de calor com o ângulo da manivela a plena carga

O pico de libertação de calor para o gasóleo é de 85,44 J/°CA e é de 147 J/°CA para o óleo plástico a plena carga. Mas para as misturas, a taxa máxima de libertação de calor observada é de 141,48 J/°CA para o PD5, 132,03 J/°CA para o PD10 e 121,5 J/°CA para o PD15. É evidente a partir do gráfico que a fase de combustão pré-misturada do PO é significativamente mais elevada do que a do gasóleo. A maior libertação de calor para o óleo plástico puro deve-se ao seu maior poder calorífico e à má formação da mistura durante o período de combustão não controlada. Além disso, na fase de combustão por difusão, a taxa de combustão é mais elevada para o PO do que para os outros combustíveis de ensaio. A adição de DEE ao PO reduz consideravelmente a taxa de libertação de calor. O pico de libertação de calor é reduzido em 3,8%, 8,2% e 12,6% para PD5, PD10 e PD15, respetivamente. Esta redução na taxa de libertação de calor deve-se ao elevado calor latente de vaporização do DEE, que resulta numa temperatura mais baixa no interior do cilindro durante a combustão, e o menor valor calorífico do DEE também resulta numa menor taxa de libertação de calor. O teor de oxigénio e o índice de cetano mais elevados do DEE aumentam a combustão na fase inicial e a taxa de combustão no período de combustão controlada é reduzida, o que é evidente pela taxa de libertação de calor mais baixa das misturas DEE. No entanto, durante a fase de combustão controlada, todas as misturas têm uma taxa de libertação de calor superior à do gasóleo, o que indica uma melhor atomização devido à presença de fracções de DEE pouco viscosas e altamente voláteis no combustível.

(iii) Atraso de ignição

As variações do atraso de ignição com as pressões efectivas médias médias no travão para as misturas de gasóleo, PO e DEE são apresentadas na Figura 5.31. O período de atraso é afetado por vários factores, tais como as propriedades físicas do combustível, o índice de cetano e a temperatura de auto-ignição. O atraso de ignição das misturas PO-DEE é superior ao do gasóleo. Verifica-se que quanto maior for a percentagem de DEE na mistura, maior é o atraso de ignição. O período de atraso para o gasóleo varia de 14 °CA em vazio a 8 °CA em carga máxima, mas para o PO puro varia de 17 °CA a 11 °CA. Para a mistura PD5, varia entre 17,5 °CA em vazio e 11,5 °CA a plena carga. Mas para PD10 e PD15, reduz de 17,5 °CA para 11,5 °CA e de 18 °CA para 12 °CA, respetivamente. A elevada temperatura de auto-ignição dos compostos aromáticos presentes no PO aumenta o período de atraso. O atraso da ignição aumenta ainda mais com a adição de DEE ao óleo plástico. A principal razão para o maior período de atraso das misturas é o elevado calor latente de vaporização do DEE, que reduz a temperatura no interior do cilindro ao absorver mais calor da câmara de combustão. O efeito de um maior número de cetano e volatilidade é mais dominante após o início da combustão. Outra razão é que o DEE interage com as cadeias aromáticas mais pesadas presentes no PO, resultando num maior atraso na ignição. Além disso, a menor gravidade específica, o módulo aparente e a viscosidade do DEE retardam o tempo de injeção dinâmica e prolongam a injeção, resultando num período de atraso mais elevado para as misturas.

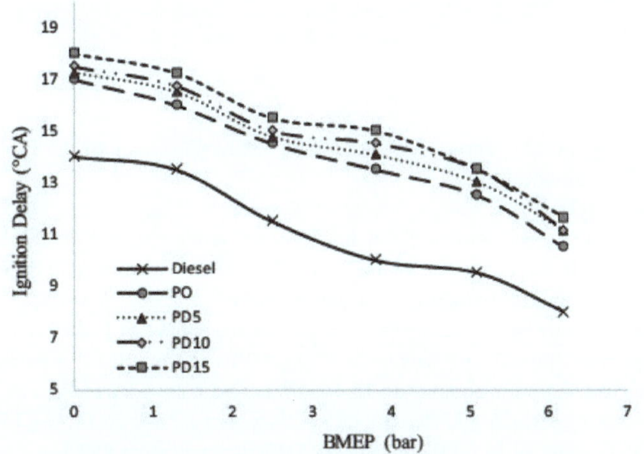

Figura 5.31. Variação do atraso de ignição com BMEP

(iv) Duração da combustão

A Figura 5.32 mostra a variação da duração da combustão de um gasóleo, de misturas PO e DEE. O período de tempo desde o início da combustão até ao ponto em que 90% do calor é libertado é considerado como a duração da combustão. A duração da combustão para o gasóleo varia de 30 °CA a 36 °CA e para o PO puro aumenta de 38 °CA em vazio para 46 °CA na potência máxima. Para as misturas DEE, a duração da combustão muda de 36 °CA em carga zero para 44 °CA em carga máxima no caso da PD5. Mas para PD10 e PD15, diminui de 35 °CA para 41 °CA e de 33 °CA para 37,5 °CA, respetivamente. A duração da combustão é mais elevada para o PO em comparação com o gasóleo a todas as cargas. Este aumento deve-se à má formação da mistura do óleo plástico puro, fazendo com que mais combustível arda na fase de combustão por difusão. Verifica-se que a duração da combustão diminui com o aumento da adição de DEE nas misturas. A baixa volatilidade do DEE permite-lhe vaporizar-se rapidamente e o DEE atomizado actua como fonte de ignição, levando a uma melhor combustão. Além disso, o elevado número de cetano e o teor de oxigénio ajudam a realizar a maior parte da combustão no período de combustão pré-misturado. Isto também melhora a eficiência térmica, o que é evidente na Figura 5.25. Geralmente, a duração da combustão depende principalmente da taxa de combustão na fase de combustão por difusão que, no caso das misturas DEE, é inferior à do PO puro.

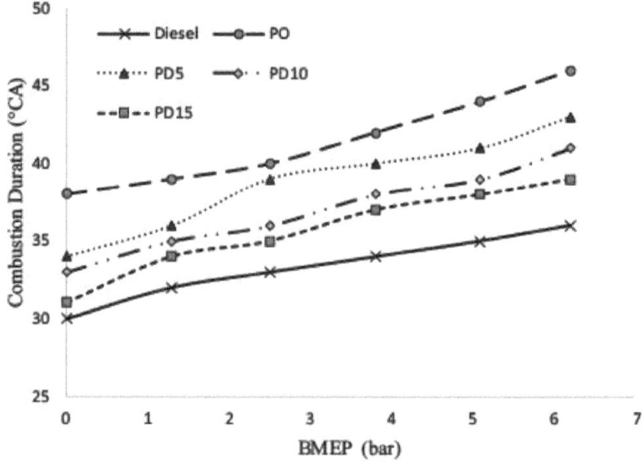

Figura 5.32. Variação da duração da combustão com a BMEP

5.3.3 Análise das emissões

(1) Emissões de NOX

As emissões de NOX dos motores diesel representam geralmente a combinação de óxido nítrico (NO) e dióxido de azoto (NO_2). A melhor combustão leva a temperaturas mais elevadas do cilindro e do escape, resultando em maiores emissões de NOX. A variação do nível de NOX com a BMEP para os combustíveis de ensaio é apresentada na Figura 5.33. O nível de NOX para o gasóleo a uma BMEP baixa é de 12,3 g/kWh e, a uma BMEP máxima, é de 4,09 g/kWh, mas para o PO puro diminui de 15,4 g/kWh para 6,18 g/kWh. Para as misturas, o nível de NOX desce de 15,26 g/kWh para 4,95 g/kWh para a PD5, de 14,75 g/kWh para 4,7 g/kWh para a PD10 e de 14,45 g/kWh para 4,21g/kWh para a mistura PD15.

O nível de NOX é mais elevado para o PO puro e diminui com o aumento da fração de DEE na mistura. O maior calor latente de vaporização do DEE presente nas misturas produz um efeito de arrefecimento e reduz a temperatura de pico atingida durante a combustão. O NOX é formado principalmente na fase de combustão pré-misturada e a redução da temperatura de pico do cilindro resulta num nível mais baixo de NOX no escape do motor. Pode ver-se que o efeito do DEE é mais dominante a cargas mais elevadas, uma vez que se obtém uma melhor qualidade de combustão na fase inicial, reduzindo o tempo de retenção do combustível, que é também um fator de redução dos níveis de NOX para as misturas.

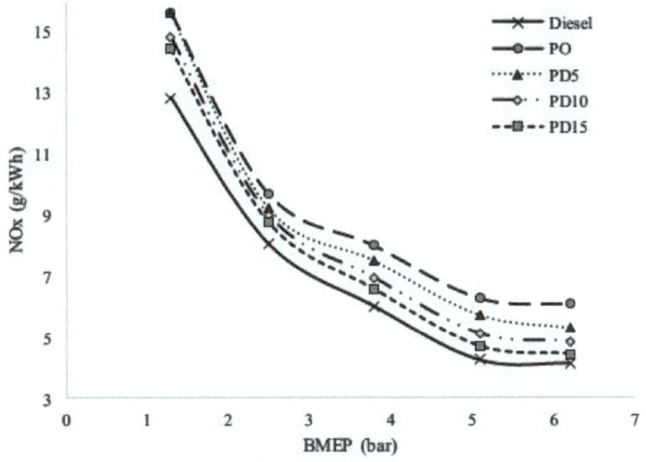

Figura 5.33. Variação do NOX com a BMEP

(ii) Emissão de fumo

As emissões de fumo de um motor de ignição por compressão são constituídas principalmente por partículas de fuligem. Os combustíveis com uma razão carbono/hidrogénio elevada têm mais tendência para formar fuligem, o que aumenta a quantidade de fumo no escape. A Figura 5.34 ilustra a gama de emissões de fumos com o aumento da BMEP para as misturas de gasóleo, PO e DEE. Os níveis de fumo para o gasóleo variam entre 0,5 BSU a carga zero e 3,6 BSU a carga máxima, mas para o PO variam entre 1,025 BSU e 5,1 BSU. A relação carbono/hidrogénio mais elevada do PO em comparação com o gasóleo e a fraca eficiência da combustão são as razões para uma maior emissão de fumo nos gases de escape do PO.

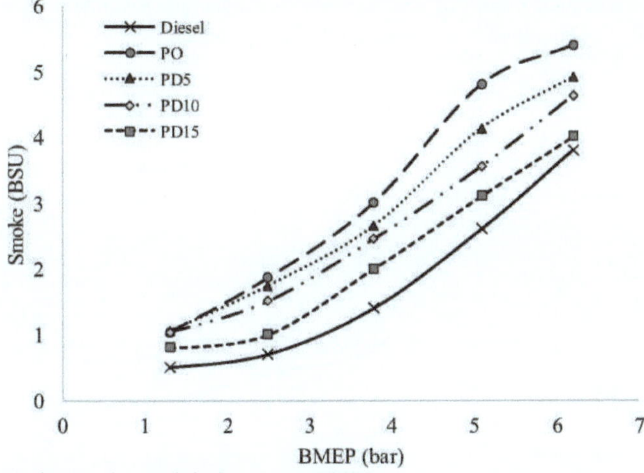

Figura 5.34. Variações do nível de fumo com BMEP

Para as misturas, o nível de fumo diminui com o aumento da percentagem de DEE na mistura. O fumo varia de 1,04 BSU a baixa carga para 4,9 BSU a plena carga para a PD5 e aumenta de

1,03 BSU para 4,6 BSU para a PD10. Para a PD15, aumenta de 0,8 BSU a baixa carga para 4,1 BSU à potência nominal. Os níveis de fumo a plena carga foram reduzidos em 9% para o PD5, 14,2% para o PD10 e 25% para o PD15, em comparação com o óleo plástico puro. A adição de DEE reduz significativamente o fumo em comparação com as operações PO. O número de cetano e o teor de oxigénio mais elevados do DEE produzem uma zona de combustão mais pobre, resultando em menores emissões de fumo. Além disso, a elevada volatilidade e a maior velocidade de chama do DEE melhoram a atomização e a taxa de combustão, reduzindo os níveis de fumo no escape.

(iii) Emissão de hidrocarbonetos

A formação de HC num motor diesel depende de muitos factores, tais como o arrefecimento do combustível devido à baixa temperatura a granel, o impacto excessivo da pulverização, a formação de uma mistura demasiado pobre e também o aprisionamento do combustível nas fendas durante a combustão. A figura 5.35 apresenta a emissão de HC em função da pressão efectiva média do travão. Os níveis de HC para o combustível diesel variam de 0,36 g/kWh a 0,07 g/kWh e, no caso do PO, de 0,5 g/kWh a 0,17 g/kWh. A emissão de HC para o PO é mais elevada do que para o gasóleo devido à má formação da mistura e à eficiência da combustão. A baixa carga e a plena carga, a emissão de HC do PD5 foi de 0,45 g/kWh e 0,13 g/kWh. No caso do PD10, as emissões de HC variam de 0,5 g/kWh a 0,15 g/kWh, e para o PD15, os níveis de HC foram 0,52 g/kWh a baixa carga e 0,18 g/kWh a plena carga.

A emissão de HC, como se pode ver na Figura 5.35, é mais elevada para as misturas DEE e aumenta com o aumento da percentagem de DEE na mistura. Mesmo com o elevado número de cetano e teor de oxigénio no DEE, a emissão de HC é aumentada. Este aumento das emissões de HC, especialmente a cargas mais baixas, deve-se à densidade reduzida e à maior volatilidade das misturas DEE, fazendo com que o combustível deslize facilmente para as fendas, resultando num aumento dos HC nos gases de escape. Outra razão é a extinção da chama devido ao efeito de arrefecimento produzido pela vaporização do DEE. Além disso, formam-se misturas mais pobres na zona exterior da chama, que estão para além dos limites de inflamabilidade, gerando mais emissões de HC não queimados.

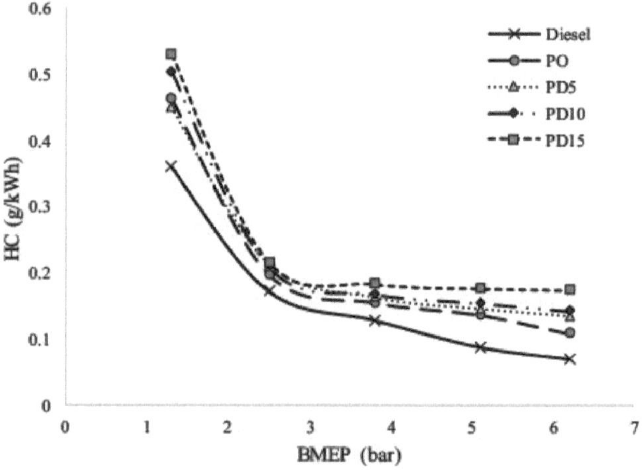

Figura 5.35. Variação de HC com BMEP

(iv) Emissão de monóxido de carbono

A emissão de monóxido de carbono num motor de combustão interna (IC) é uma medida da ineficiência da combustão. A formação de monóxido de carbono nos motores a gasóleo deve-se à combustão incompleta e à presença de um ambiente demasiado rico. A variação da emissão de CO para as misturas de gasóleo, PO e DEE é apresentada na Figura 5.36. A emissão média de CO na travagem varia entre 1,9 g/kWh a baixa carga e 0,7 g/kWh a carga máxima para o gasóleo e entre 2,3 g/kWh e 1,07 g/kWh para o PO. No caso das misturas DEE, os níveis de CO diminuem de 2,01 g/kWh para 0,67 g/kWh no PD5 e de 2,11 g/kWh para 0,9 g/kWh no PD10. A baixa carga, o nível de CO observado é de 2,2 g/kWh e a plena carga é de 0,78 g/kWh para a mistura PD15. A menor emissão de CO para as misturas deve-se à melhoria da eficiência da combustão devido à presença de fracções de DEE. O maior teor de oxigénio no éter dietílico forma um ambiente mais pobre dentro da câmara de combustão. Isto permite que mais combustível seja oxidado durante a combustão, resultando em níveis mais baixos de CO no escape. Outra razão para a baixa emissão de CO é a menor viscosidade e maior volatilidade da mistura de DEE do que o óleo plástico, o que aumenta a atomização, melhorando assim a eficiência da combustão.

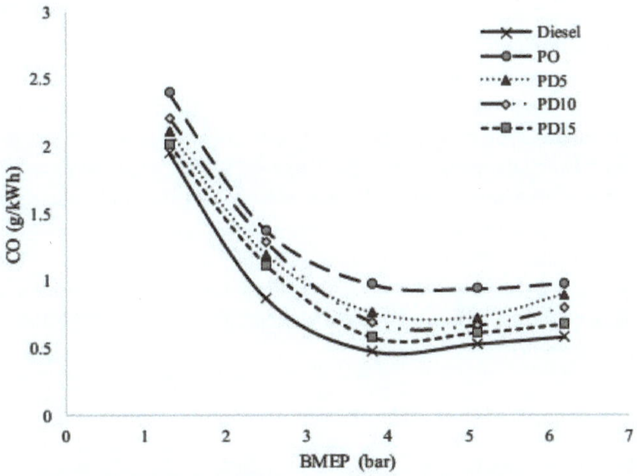

Figura 5.36. Variações das emissões de CO com BMEP

O estudo revelou que as misturas PO-DEE têm uma eficiência térmica de travagem mais elevada e um BSEC mais baixo do que o óleo plástico devido ao número de cetano mais elevado e à baixa viscosidade. As emissões do motor melhoraram consideravelmente com a utilização de misturas DEE e o PD15 apresentou melhores características de emissão. Os fumos e os NOX foram reduzidos em 25% e 29%, respetivamente, à carga máxima para o PD15. As emissões de CO das misturas foram inferiores, mas as emissões de HC foram ligeiramente superiores quando comparadas com as operações com óleo plástico puro. No entanto, a adição de uma mistura de DEE resultou num período de atraso mais elevado e numa tendência para bater, sendo o desempenho em carga parcial muito fraco em comparação com o gasóleo.

5.4 MODIFICAÇÃO DO COMBUSTÍVEL - NANO-COMBUSTÍVEL PLÁSTICO

Com os recentes avanços na nanotecnologia, os investigadores descobriram que a adição de metais de dimensão nanométrica ao combustível de base melhora drasticamente as suas propriedades. As nanopartículas libertam o dobro da quantidade de energia durante a oxidação do que qualquer outro material, o que se deve à sua elevada relação área superficial/volume. Este conceito é agora utilizado pelos investigadores para melhorar as características de combustão e de emissão de um combustível de base através da adição de partículas nanométricas. Os estudos mais recentes indicam que a adição de nanometais ao combustível de base resulta numa maior sustentação da chama, num menor atraso na ignição e numa melhor combustão. As investigações também revelaram que, quando os aditivos de nanopartículas são misturados com o combustível, reduzem significativamente os níveis de emissão. Assim, procurou-se analisar o impacto da utilização de nano-combustíveis à base de plástico na combustão, nas emissões e no desempenho de um motor diesel. Foram preparados três combustíveis modificados, PO com 100 mg/l de AON, PO com 150 mg/l de AON e PO com 200 mg/l de AON, e em todas as misturas foi utilizado 1% de isopropanol. Para evitar a aglomeração, a sedimentação e a separação de fases, cada amostra de combustível foi agitada mecanicamente por um ultrassom durante 1 hora, obtendo-se uma mistura uniforme de PO e AON. Os resultados obtidos com a investigação experimental são discutidos em pormenor nesta secção.

5.4.1 Análise de desempenho

(i) Eficiência térmica do travão

A Figura 5.37 mostra uma comparação das variações da eficiência térmica do travão em relação ao BMEP para o gasóleo, o óleo plástico e os nano-combustíveis PO. A plena carga, a eficiência térmica máxima do travão para o gasóleo é de 30,9%, enquanto para o óleo plástico é de 27,5%. A menor eficiência térmica do óleo plástico deve-se à elevada viscosidade e à fraca atomização, que resulta numa má formação da mistura durante o período de combustão não controlada. No entanto, para os nano-combustíveis PO, a eficiência no BMEP máximo é de 28,65%, 29,8% e 30,34% para PAN100, PAN150 e PAN200, respetivamente. Na potência máxima de saída, a eficiência térmica do travão aumentou 4,2% para o PAN100, 8,3% para o PAN150 e 10,3% para o PAN200.

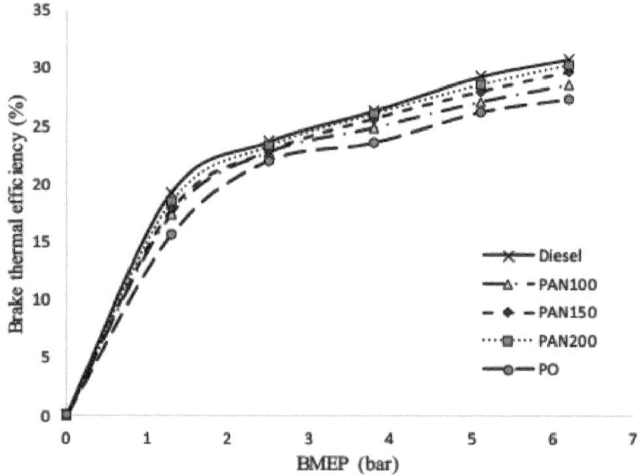

Figura 5.37. Variação da eficiência térmica do travão com a BMEP

Observa-se que a eficiência térmica aumenta significativamente com o aumento da percentagem de nanoalumina no combustível. O elevado teor de oxigénio e o elevado índice de cetano do nano-combustível PO melhoram a taxa de combustão e aumentam a eficiência térmica. Outra razão é o valor calorífico melhorado e a taxa de libertação de energia do nano-combustível, o que reduz o consumo de combustível e de energia. O aumento da eficiência térmica pode também ser atribuído ao menor atraso na ignição, à maior taxa de evaporação e à maior duração da chama do nano-combustível, o que leva a uma melhoria da qualidade da combustão. O maior rácio entre a área de superfície e o volume das nanopartículas também aumenta significativamente a eficiência térmica.

(ii) Consumo de energia específico dos travões

A Figura 5.38 ilustra a variação da CEMF em função da pressão média efectiva na travagem para todos os combustíveis de ensaio. Com cargas mais elevadas, é libertada mais energia para a mesma quantidade de combustível, o que resulta em valores BSEC mais baixos com uma BMEP mais elevada. Para condições normais de funcionamento, a BSEC para o gasóleo varia entre 18,66 MJ/kWh e 11,5 MJ/kWh, mas para o PO desce de 22,1 MJ/kWh a baixa carga para 13,1 MJ/kWh à potência nominal. O óleo de plástico puro apresenta uma CEMF mais elevada em todas as condições de carga quando comparado com todos os outros combustíveis. A CEMF para os nano-combustíveis PO à potência máxima é de 12,64 MJ/kWh para o PAN100, 12,09 MJ/kWh para o PAN150 e 11,9 MJ/kWh para o PAN200, respetivamente. A redução do BSEC deve-se ao maior número de cetano, maior valor calorífico e maior teor de oxigénio dos combustíveis modificados do que o PO puro, o que resulta numa melhor eficiência de combustão. Além disso, a elevada relação superfície/volume da nanoalumina liberta mais energia durante a reação de oxidação, o que leva a um menor consumo de energia para os nano-combustíveis.

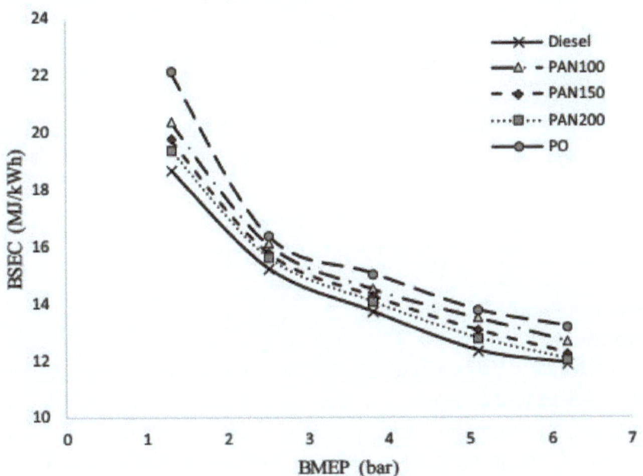

Figura 5.38. Variações da BSEC com a BMEP

(iii) Temperatura dos gases de escape

A variação da temperatura dos gases de escape com a BMEP para todos os combustíveis de ensaio é apresentada na Figura 5.39. A temperatura dos gases de escape dos nano-combustíveis PO é menor em comparação com o funcionamento do PO puro e é quase igual à do gasóleo. A temperatura dos gases de escape do PO varia entre 196°C em vazio e 437°C a plena carga, enquanto que a do gasóleo varia entre 182°C em vazio e 408°C a carga máxima. A temperatura mais elevada dos gases de escape para o PO deve-se à acumulação de uma mistura mais combustível após o período de combustão pré-misturada, resultando numa taxa mais elevada de combustão por difusão. No caso dos nano-combustíveis, PAN100, PAN150 e PAN200, a temperatura dos gases de escape varia de 191°C a 444°C, de 189°C a 440°C e de 186°C a 432°C, respetivamente. A adição de óxido de nanoalumínio ao PO reduz a temperatura dos gases de escape quando comparada com o funcionamento do PO puro. A cargas mais baixas, o impacto da adição de nano é muito reduzido, mas a cargas mais elevadas a variação da temperatura dos gases de escape é visivelmente elevada. O índice de cetano mais elevado e o período de retardamento mais curto aumentam a taxa de combustão pré-misturada e diminuem a fase de combustão controlada para os combustíveis modificados. Isto resulta em temperaturas dos gases de escape mais baixas para os nano-combustíveis do que para o óleo plástico de base. Além disso, devido à melhor qualidade da combustão, a acumulação de depósitos nas paredes do cilindro é menor, o que aumenta a taxa de transferência de calor e conduz à subsequente redução da temperatura dos gases de escape.

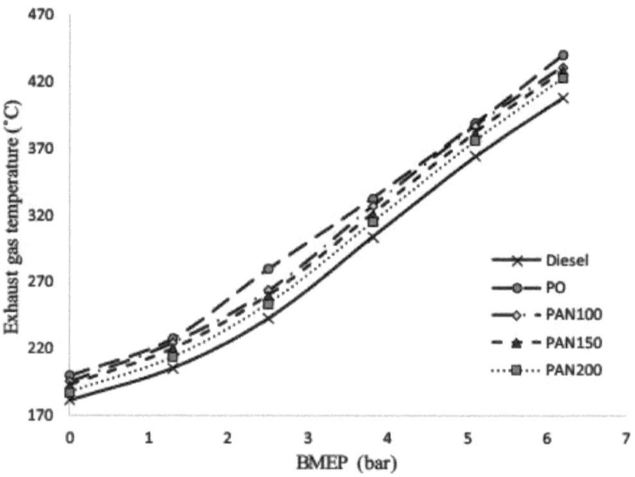

Figura 5.39. Variação da temperatura dos gases de escape com BMEP

5.4.2 Análise de combustão
(i) Pressão no cilindro

A Figura 5.40 apresenta uma comparação das variações de pressão de pico do cilindro do gasóleo, do PO e dos nano-combustíveis à potência nominal. As variações de pressão de pico num motor de ignição por compressão dependem principalmente do período de atraso e da taxa de combustão não controlada. Entre todos os combustíveis de ensaio, a pressão de ciclo mais elevada foi obtida para o funcionamento do PO puro na condição BMEP máxima. A pressão máxima para o gasóleo aumenta de 56 bar em vazio para 67 bar em carga máxima e para o PO, a pressão de pico aumenta de 58 bar para 71 bar. Observa-se um aumento de 5,6% na pressão de pico para o PO devido à elevada viscosidade, que aumenta o período de atraso e conduz a uma pressão elevada no cilindro. A pressão de pico do ciclo para os nano-combustíveis à potência nominal para o PAN100 varia entre 57,5 bar e 70 bar, para o

72

PAN150 é de 58 bar à BMEP mínima e 69 bar à BMEP máxima, e no caso do PAN200 a pressão de pico aumenta de 57 bar para 68 bar. A pressão do ciclo diminui com o aumento da quantidade de adição de nanoalumina e foi registada uma redução máxima de 3,5% para a PAN200 na condição de BMEP máxima.

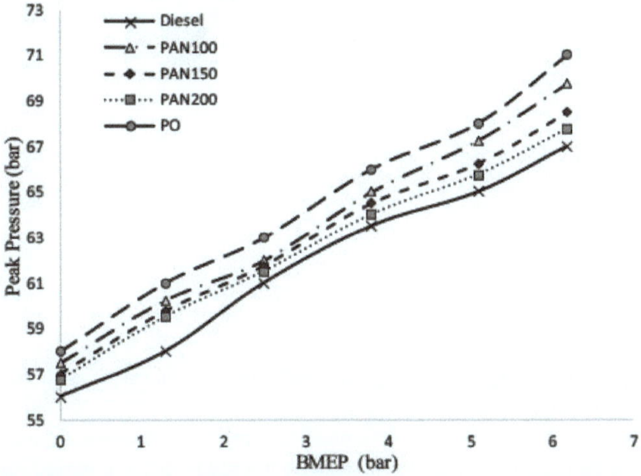

Figura 5.40. Variações da pressão de pico com BMEP

A adição de nanopartículas reduz a viscosidade e melhora o índice de cetano e as características de ignição do combustível de base. Este facto reduz significativamente o período de atraso e adianta o início da combustão, o que, por sua vez, reduz a taxa de combustão durante o período de combustão pré-misturada. A Figura 5.41 indica as variações da pressão do ciclo com o ângulo da manivela na condição de potência máxima de saída para o gasóleo, PO e nano-combustíveis. Observa-se a partir do gráfico que, ao contrário do funcionamento do PO, a curva de libertação de pressão para os nanocombustíveis é quase semelhante à do gasóleo devido a uma taxa de libertação de pressão mais uniforme, o que resulta numa pressão de ciclo mais baixa. Além disso, obtém-se uma taxa de combustão uniforme porque a nanoalumina actua como um potenciador da combustão devido ao elevado calor de reação. No caso do PAN200, o aumento da pressão é quase semelhante ao do gasóleo e notou-se um funcionamento mais suave do motor.

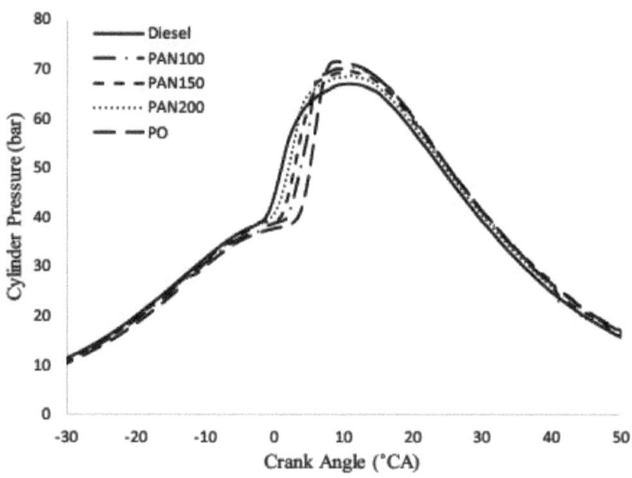

Figura 5.41 Diagrama do ângulo pressão-manivela à carga máxima

(ii) Taxa de libertação de calor

A variação da taxa de libertação de calor à potência nominal para todos os combustíveis de ensaio é ilustrada na Figura 5.42. O pico da taxa de libertação de calor obtido para o gasóleo na condição BMEP máxima é de 86,74 J/°CA e para o óleo plástico é de 147,8 J/°CA. O pico da taxa de libertação de calor é de 148. 67 J/°CA para o PAN100, seguido de 149,5 J/°CA para o PAN150 e 150,38 J/°CA para o PAN200. A plena carga, o funcionamento do PO puro mostrou uma taxa de libertação de calor mais elevada do que o gasóleo, e este aumento deve-se à má formação da mistura durante o período de atraso da ignição e ao valor calorífico mais elevado. Verifica-se que a taxa de libertação de calor aumenta com o aumento da proporção de nanoalumina no combustível modificado. O poder calorífico aumenta com a adição de AON, que é a razão para a maior taxa de libertação de calor para os nano-combustíveis. O oxigénio disponível na alumina leva a uma combustão completa devido ao aumento da taxa de combustão, que é o principal impacto da adição de nanoalumina ao combustível. Outra razão é a melhoria da qualidade da ignição devido ao aumento do número de cetano do combustível. No caso dos nano-combustíveis, pode observar-se que a combustão é avançada devido à redução do período de atraso, o que é evidente pelo deslocamento lateral da curva de libertação de calor. O ângulo de manivela do ponto de pico de libertação de calor obtido para os nano-combustíveis está mais próximo do funcionamento do gasóleo. Além disso, com o aumento da percentagem de partículas de AON no combustível, a combustão por difusão é reduzida. O período de atraso reduzido e a combustão melhorada durante o período de combustão não controlada causam uma queda significativa na taxa de libertação de calor durante a fase de difusão.

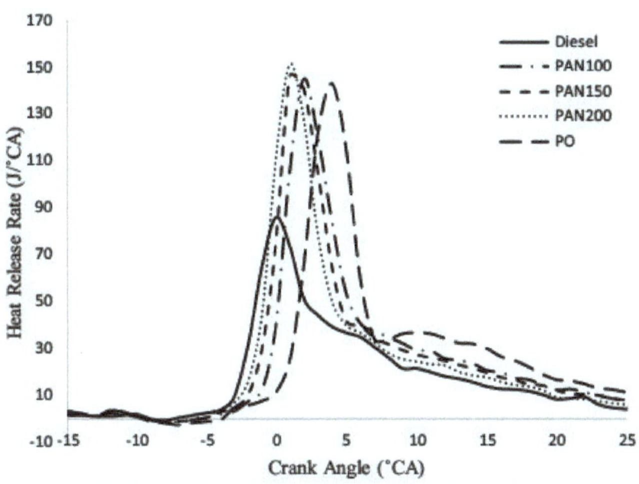

Figura 5.42. Variação da taxa de libertação de calor com o ângulo da manivela a plena carga

(iii) Atraso de ignição

A figura 5.43 mostra a variação do período de atraso para todos os combustíveis de ensaio em função da pressão efectiva média média no travão. O período de atraso do gasóleo e do PO no valor máximo da BMEP é de 7,5 °CA e 11 °CA, respetivamente. O atraso de ignição do PO é significativamente superior ao do gasóleo devido à elevada viscosidade e à fraca atomização do PO, o que resulta num aumento subsequente do período de atraso. O atraso da ignição à potência nominal para o PAN100 é de 10 °CA, 9 °CA para o PAN150 e 8 °CA para o PAN200. O período de atraso diminui com o aumento do rácio de nanoalumina no combustível. Normalmente, os combustíveis com um número de cetano mais elevado apresentam um período de atraso mais curto e uma boa qualidade de ignição. Como se pode ver no gráfico, a melhoria do índice de cetano e da qualidade da ignição faz avançar a combustão no caso dos nano-combustíveis de alumina, levando a um período de retardamento mais curto. Outra razão é a menor viscosidade e densidade do PO modificado, o que melhora a atomização do combustível. O período de retardamento para todos os combustíveis testados reduz consistentemente com o aumento da BMEP e a razão para isso é que, a cargas mais elevadas, a temperatura no interior da câmara de combustão é alta, levando a um aumento da taxa de vaporização do combustível, resultando num período de retardamento mais curto.

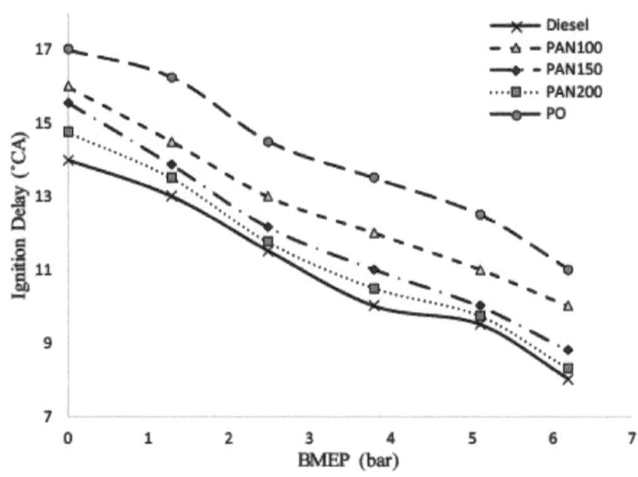

Figura 5.43. Variações do atraso de ignição com BMEP

(iv) Duração da combustão

A Figura 5.44 apresenta uma comparação da variação da duração da combustão do gasóleo com PO e nano-combustíveis. A duração da combustão é calculada a partir do ponto de início da combustão até ao ponto em que 90% do calor total é libertado. A duração da combustão para o gasóleo aumenta de 30 °CA para 36 °CA, e para o PO puro, aumenta de 38 °CA em vazio para 46 °CA a plena carga. Para os nano-combustíveis, a duração da combustão muda de 34°CA em carga zero para 39,5°CA em carga máxima no caso do PAN100. Mas para o PAN150, diminui de 32,5°CA para 37,5°CA e de 31°CA para 36,5°CA para o PAN200.

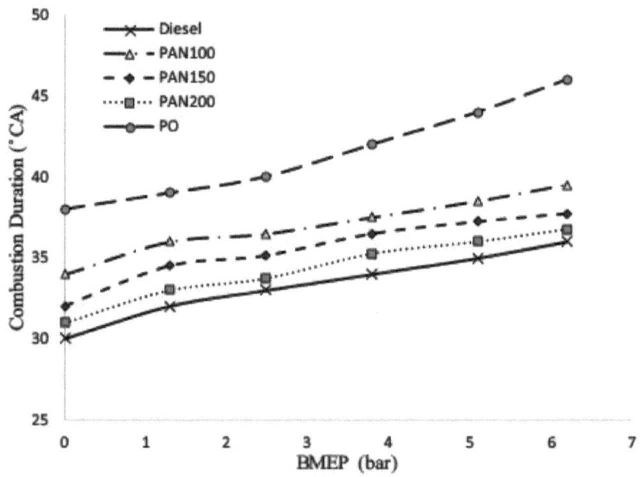

Figura 5.44. Variação da duração da combustão com a BMEP

A duração de combustão mais elevada é registada para o PO em comparação com outros combustíveis de ensaio em todas as cargas. Este aumento deve-se à má formação da mistura de óleo plástico puro, fazendo com que mais combustível arda na fase de combustão por difusão, aumentando a taxa de libertação de calor e, subsequentemente, a duração da combustão. Verifica-se que a duração da combustão diminui com o aumento da percentagem de nanoalumina no combustível modificado. Normalmente, a duração da combustão depende principalmente da taxa de combustão no período de combustão não controlada que, no caso dos nano-combustíveis, é menor do que a operação de PO puro. O elevado índice de cetano, o período de retardamento mais curto e o teor de oxigénio mais elevado dos nano-combustíveis realizam a maior parte da combustão durante o período de combustão pré-misturada. Isto faz com que a maior parte do combustível arda rapidamente e diminui a taxa de combustão na fase de combustão controlada. Além disso, a menor viscosidade do nanocombustível atomiza-se rapidamente e as nanopartículas de óxido de alumínio actuam como fontes de microexplosões que conduzem a uma combustão superior.

5.4.3 Análise das emissões

(i) Emissões de NOX

A Figura 5.45 ilustra a variação da emissão média de NOX na potência de travagem em função da BMEP para o gasóleo, o PO e os nano-combustíveis. A emissão de NOX para o gasóleo diminui de 12,83 g/kWh na BMEP mínima para 4,29 g/kWh na condição BMEP máxima, e para o funcionamento com PO puro, diminui de 15,64 g/kWh para 6,18 g/kWh. Os níveis mais elevados de NOX para o PO em comparação com o gasóleo devem-se ao maior período de atraso e à maior pressão do ciclo, o que aumenta a temperatura de pico e a taxa de libertação de calor durante a combustão. Mas para os nano-combustíveis, a emissão de NOX diminui de 15,53 g/kWh para 6,01 g/kWh para o PAN100, de 15,21 g/kWh para 5,94 g/kWh para o PAN150 e de 14,95 g/kWh para 5,70 g/kWh para o PAN200. Na potência de taxa, nota-se uma redução de 2,7% para o PAN100, 3,8% para o PAN150 e 7,7% para o PAN200. Verifica-se que os nanocombustíveis têm pouco efeito no nível de emissão de NOX e que o nível de emissão de NOX diminui com o aumento da percentagem de partículas nanométricas no combustível, em comparação com o funcionamento do PO puro. A redução dos NOX deve-se ao facto de o número de cetano ser mais elevado e de o período de retardamento ser mais curto, o que resulta numa pressão e temperatura mais baixas no ciclo, como se pode ver nas figuras 5.41 e 5.42. A pressão máxima é reduzida em 3,5% para o PAN200, mas o aumento correspondente da taxa de libertação de calor é de apenas 2,02%, o que reduz a temperatura máxima do ciclo do nano-combustível em comparação com o PO puro. Para os mesmos valores de BMEP, os combustíveis com maior número de cetano apresentam níveis mais baixos de NOX devido à redução da taxa de combustão pré-misturada. Além disso, devido à melhor qualidade da combustão, a acumulação de depósitos nas paredes do cilindro é menor, o que aumenta a taxa de transferência de calor e conduz à subsequente redução das emissões de NOX.

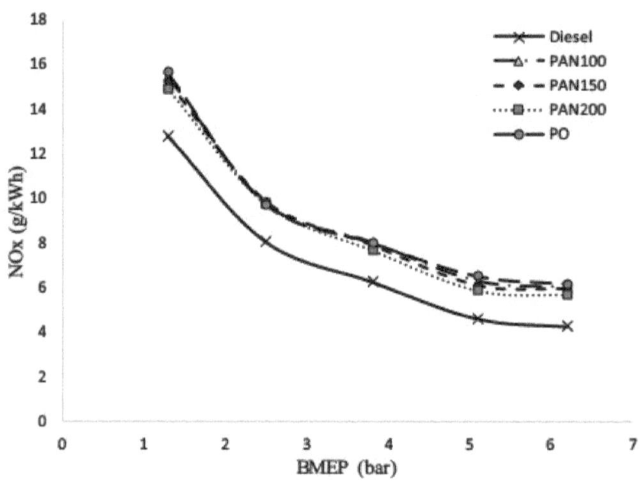

Figura 5.45. Variação do NOX com a BMEP

(ii) Emissão de fumo

A emissão de fumos representa a quantidade de partículas de fuligem presentes no escape de um motor diesel. A Figura 5.46 apresenta uma comparação da emissão de fumos com a BMEP do motor para todos os combustíveis de ensaio. Pode notar-se no gráfico que a emissão de fumos aumenta com o aumento dos valores de BMEP. A cargas mais elevadas, mais combustível é pulverizado no cilindro, criando zonas locais ricas em combustível, o que aumenta os níveis de fumo. A emissão de fumo para o gasóleo à potência nominal é de 3,8 BSU, enquanto que para o óleo plástico é de 5,6 BSU. O aumento dos fumos no caso do óleo plástico deve-se à sua elevada viscosidade, que leva a uma má pulverização e formação da mistura, resultando numa baixa eficiência da combustão.

Os níveis de fumo para os nano-combustíveis de PO no BMEP máximo são de 4,46 BSU, 4,1 BSU e 3,75 BSU para PAN100, PAN150 e PAN200, respetivamente. Pode notar-se que os níveis de fumo diminuem significativamente com o aumento da quantidade de AON no PO. Os níveis de fumo a plena carga reduziram-se em 20,3% para o PAN100, 26,7% para o PAN150 e 33,03% para o PAN200 quando comparados com o óleo plástico puro. A carga máxima, a emissão de fumo do PAN200 é inferior à do gasóleo. A adição de nanoalumina melhora a qualidade da ignição e a taxa de combustão, resultando numa combustão mais completa, o que leva a uma menor emissão de fumo. Outra razão para a diminuição do nível de fumo é a redução da temperatura de ignição do combustível com nanoaditivos metálicos. As características de ignição melhoradas do nano-combustível aumentam a taxa de evaporação e forma-se uma mistura mais combustível de ar-combustível no interior do cilindro. Isto melhora a combustão, resultando numa menor emissão de fumo do que o funcionamento do PO puro.

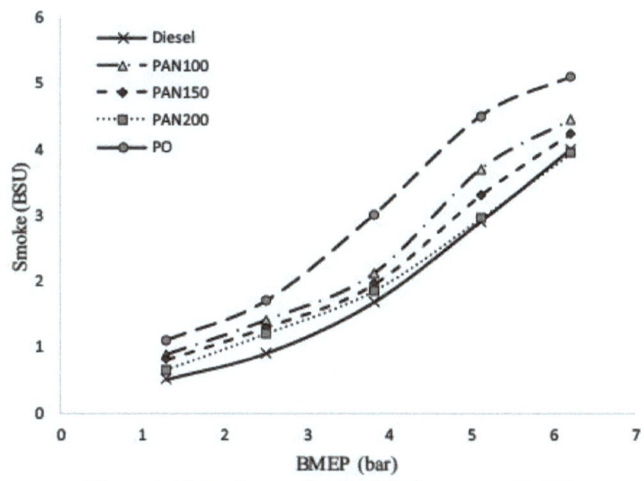

Figura 5.46. Variações do nível de fumo com BMEP

(iii) Emissão de hidrocarbonetos

A figura 5.47 ilustra as variações da emissão média de HC na potência de travagem com o BMEP para todos os combustíveis de ensaio. A emissão de HC para o combustível diesel é de 0,36 g/kWh à BMEP mínima, é de 0,069 g/kWh à BMEP máxima e desce de 0,52 g/kWh para 0,17 g/kWh para o PO. A maior emissão de HC do PO deve-se às suas fracas características de pulverização, o que reduz a eficiência da combustão. A emissão média de HC na travagem diminui com o aumento do BMEP; isto deve-se ao facto de, a cargas mais elevadas, a mistura e a distribuição serem melhores, o que resulta numa menor emissão de HC. No caso dos nano-combustíveis PO, os níveis de emissão de HC variam de 0,44 g/kWh a 0,11 g/kWh para o PAN100, variam de 0,42 g/kWh a 0,092 g/kWh para o PAN150 e diminuem de 0,41 g/kWh a 0,064 g/kWh para o PAN200. Pode ver-se que a emissão de HC é menor para os nano-combustíveis quando comparada com o funcionamento com óleo plástico puro, e para o PAN200, a emissão de HC a plena carga é menor do que a do funcionamento com gasóleo. Esta redução na quantidade de HC deve-se às características de combustão melhoradas do combustível modificado. A partícula de nanoalumina aumenta a área de contacto das gotículas de combustível com os gases quentes e aumenta a taxa de combustão. As microexplosões causadas pela nanoalumina aumentam a temperatura no interior do cilindro, o que, por sua vez, aumenta a taxa de vaporização e resulta numa formação adequada da mistura. Além disso, o teor de oxigénio na alumina aumenta a taxa de oxidação dos hidrocarbonetos e ajuda a realizar uma combustão mais completa, conduzindo subsequentemente a menores emissões de HC.

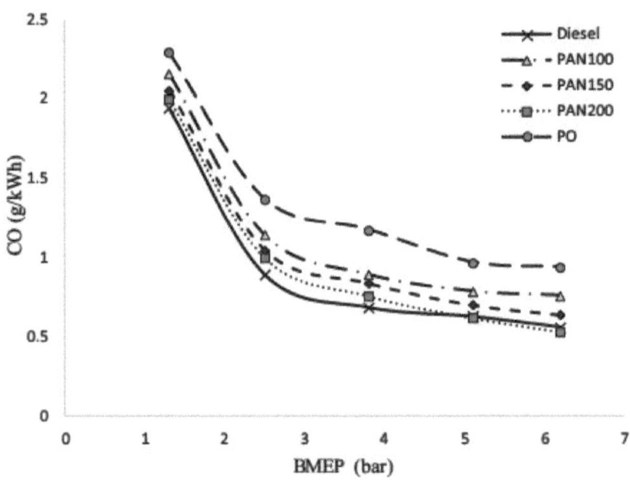

Figura 5.47. Variações de HC com BMEP

(iv) Emissão de monóxido de carbono

A emissão de CO no escape de um motor diesel é uma medida da eficiência da combustão. A combustão incompleta do combustível devido à falta de oxigénio resulta na formação de CO e uma maior quantidade de CO indica uma má qualidade da combustão. A Figura 5.48 apresenta uma comparação das emissões de CO com o BMEP do motor para todos os combustíveis de ensaio. O nível de emissão de CO para o gasóleo na BMEP máxima é de 0,56 g/kWh e de 1,15 g/kWh para o óleo plástico. Para os nano-combustíveis PO, a concentração de CO a plena carga é de 0,79 g/kWh, 0,68 g/kWh e 0,51 g/kWh para o PAN100, PAN150 e PAN200, respetivamente. No caso da PAN200, a concentração de CO no BMEP máximo é inferior à do funcionamento a gasóleo. O nível de emissão de CO diminui progressivamente com o aumento da concentração de nanoalumina no combustível. A quantidade de CO foi reduzida em 31,3% para o PAN100, 40,8% para o PAN150 e 55,6% para o nano-combustível PAN200. A razão para a redução da quantidade de CO deve-se ao facto de o oxigénio se dissociar da nanoalumina a altas temperaturas, o que ajuda a realizar uma combustão mais completa, reduzindo assim a quantidade de CO nos gases de escape. Outra razão para a baixa emissão de CO é a menor viscosidade e o maior cetano do combustível modificado em relação ao óleo plástico, o que aumenta a atomização e a qualidade da ignição.

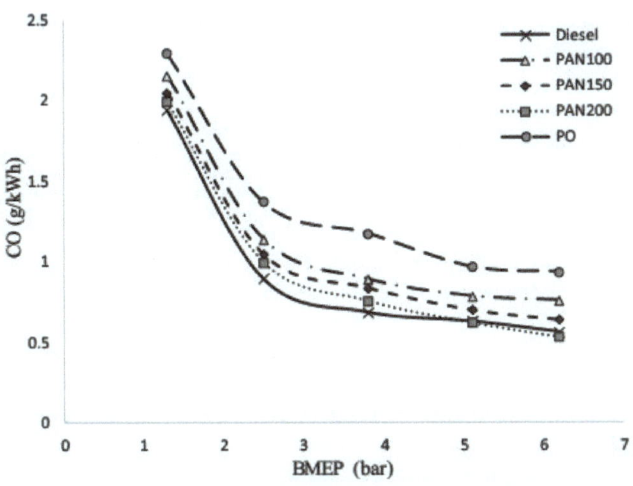

Figura 5.48. Variação do CO com a BMEP

Foi efectuado um estudo exaustivo para analisar o impacto da utilização de nano-combustível à base de plástico na combustão, nas emissões e no desempenho de um motor diesel para veículos ligeiros. Os resultados dos ensaios revelaram que a eficiência térmica da travagem aumentou e a CEMF melhorou com o nano-combustível, em comparação com o funcionamento com óleo de plástico de base. A combustão é avançada para os nano-combustíveis PO devido ao aumento do número de cetano e a períodos de retardamento mais curtos. Verifica-se uma redução considerável da pressão de pico e um aumento da taxa de libertação de calor para os nano-combustíveis. Todas as emissões do motor são reduzidas com os nano-combustíveis e observa-se uma redução significativa do nível de emissões de fumos, HC e CO. As emissões de HC e CO do nano-combustível PAN200 são inferiores às do gasóleo. Embora a redução do nível de NOX seja muito pequena, o motor alimentado com nanocombustíveis apresentou características superiores às do motor a PO puro.

5.5 UMA ANÁLISE COMPARATIVA DAS DIFERENTES TÉCNICAS UTILIZADAS

Os resultados das várias técnicas utilizadas nesta investigação para melhorar as características do gasóleo alimentado com óleo de plástico usado são comparados e apresentados nesta secção. A comparação dos parâmetros de funcionamento das diferentes técnicas é efectuada para determinar o melhor método de aplicação do óleo plástico no motor diesel. A comparação é feita entre o funcionamento normal do gasóleo e o melhor dos seguintes métodos:

1.	Modificação do combustível por mistura - Foram preparadas três misturas diferentes e a mistura PO25 apresentou melhores características do que as outras.

2.	Modificação do motor através da variação da pressão de abertura do bico - A pressão de abertura do bico foi ajustada de modo a optimizá-la para a utilização de óleo plástico puro no motor diesel e a pressão de abertura do bico óptima foi de 230 bar.

3.	Modificação do combustível utilizando o aditivo éter dietílico - Entre as três misturas, a PD15 apresentou melhores características de desempenho e de emissões.

4.	Modificação do combustível utilizando nano-combustível plástico - foram formulados três nano-combustíveis diferentes utilizando nanoalumina e PO puro. De todos os combustíveis modificados, o PAN200 apresentou características de desempenho, combustão e emissões superiores a todos os outros combustíveis.

5.5.1 Análise de desempenho
(i) Eficiência térmica do travão

A variação da eficiência térmica do travão do PO25, PO230, PD15 e PAN200 com a pressão efectiva média do travão é comparada com o gasóleo na Figura 5.49. A eficiência térmica máxima de 30,92% é registada para o gasóleo a plena carga. Na condição BMEP máxima, a eficiência térmica de travagem mais elevada para o PO25 é de 30,01% e para o PO a 230 bar de pressão de abertura do bocal é de 29,4%. No caso do PD15 e do PAN200, a eficiência térmica a plena carga é de 30,03% e 30,5%, respetivamente. A eficiência térmica mais baixa foi registada para o PO230; isto deve-se à maior viscosidade e ao aumento da taxa de injeção de combustível, resultando numa menor eficiência de combustão em comparação com outros métodos. Embora a atomização seja melhorada no caso do PO230, a qualidade da combustão é ainda inferior à dos outros combustíveis. A eficiência térmica do PAN200 é quase igual à do gasóleo em todas as cargas devido à melhor qualidade de ignição e ao número de cetano do nano-combustível. A eficiência mais elevada seguinte registada é a do PD15, seguida do PO25. O maior índice de cetano do DEE e a maior volatilidade da mistura PO25 melhoram a combustão, o que resulta num aumento da eficiência térmica. Todos os métodos mostraram um aumento na eficiência térmica do motor, mas o nanocombustível PAN200 apresentou boas características de carga parcial e carga total.

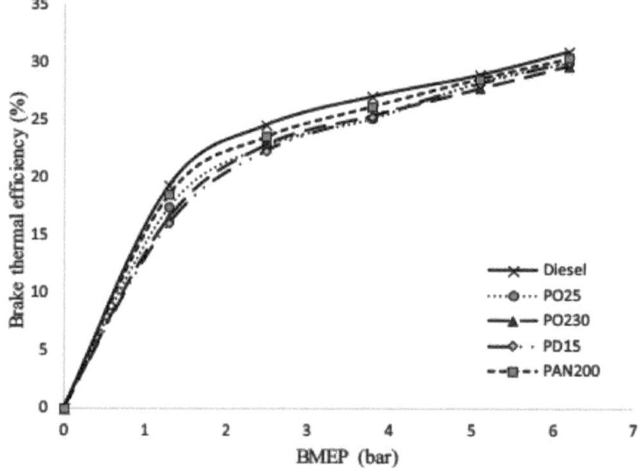

Figura 5.49. Variação da eficiência térmica da cozedura com a BMEP

(ii) Consumo de energia específico dos travões

A Figura 5.50 apresenta uma comparação das variações da BSEC com a BMEP para todas as condições de ensaio com gasóleo. O valor BSEC para o gasóleo a plena carga é de 11,6 MJ/kWh. Pode ver-se no gráfico que a PAN200 tem o valor BSEC mais baixo do que todas as outras operações baseadas em PO. O valor BSEC na condição BMEP máxima para a PAN200 é de 11,95 MJ/kWh, seguido da PD15 com 12,03 MJ/kWh, da PO25 com 12,09 MJ/kWh e da

PO230 com 12,2 MJ/kWh. A energia libertada por unidade de quantidade de PAN200 é mais elevada devido à presença de nanoalumina no combustível. No caso do PD15, a redução do BSEC deve-se ao maior teor de oxigénio e ao número de cetano do DEE, que conduzem a uma melhor combustão, libertando mais energia do que o funcionamento do PO puro. O PO a 230 bar de pressão de abertura do bico tem o valor mais elevado de CEMN entre as diferentes técnicas utilizadas. Este facto deve-se à elevada viscosidade, ao baixo índice de cetano e à fraca qualidade de combustão do PO puro, que consome uma maior quantidade de combustível para gerar uma unidade de potência. A menor CEMN do PO25 em relação ao PO230 deve-se ao maior teor de gasóleo, o que resulta em melhores características de ignição e maior taxa de combustão. Também se pode observar que, à potência máxima de saída, todas as técnicas apresentaram valores de CEMN quase semelhantes.

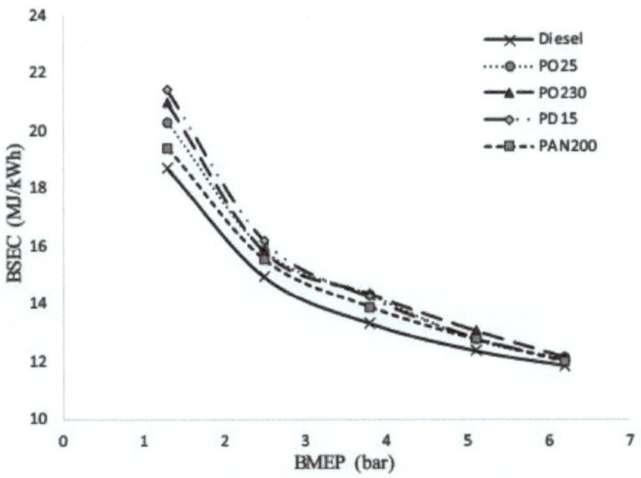

Figura 5.50 Variação da BSEC com a BMEP

(iii) Temperatura dos gases de escape

A variação da temperatura dos gases de escape em função da BMEP é apresentada na Figura 5.51. À potência nominal, o gasóleo tem a temperatura mais baixa dos gases de escape, 408°C. Entre as diferentes técnicas implementadas, a temperatura dos gases de escape da PD15 é quase igual à do gasóleo. A temperatura dos gases de escape da PD15 a plena carga é de 411°C, a da PO25 é de 418 °C, a da PO230 é de 448 °C e a da PAN200 é de 432 °C. A redução da temperatura dos gases de escape para o PD15 deve-se ao elevado calor latente de vaporização do DEE, que produz um efeito de arrefecimento no interior do cilindro. Vê-se no gráfico que a temperatura dos gases de escape é mais elevada para todas as técnicas em comparação com o gasóleo. A temperatura máxima é obtida para o PO230 devido à elevada pressão no interior da câmara de combustão e ao aumento da difusão da fase de combustão, que conduz a temperaturas mais elevadas dos gases de escape. No caso do PO25, a temperatura de escape é mais elevada do que no PD15 devido ao valor calorífico mais elevado e à maior taxa de libertação de calor durante o período de combustão por difusão. No caso do PAN200, a combustão melhorada resulta em maior pressão e maior libertação de calor, o que aumenta a temperatura dos gases de escape.

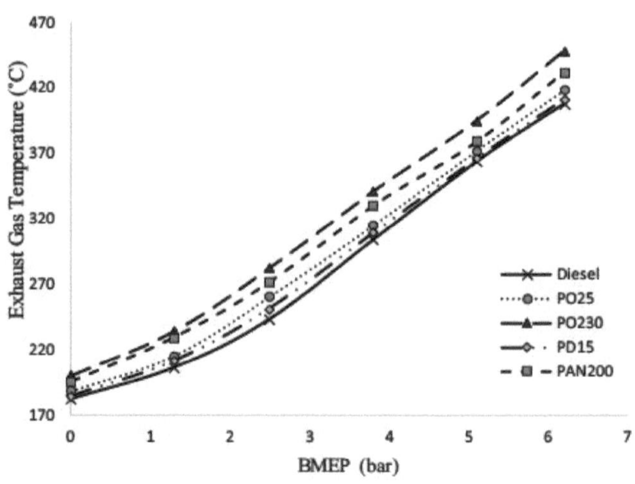

Figura 5.51. Variações da temperatura dos gases de escape com BMEP

5.5.2 Análise de combustão

(i) Pressão no cilindro

Figure 52   2 mostra uma comparação das variações da pressão de pico do cilindro do gasóleo com diferentes técnicas de implementação da PO no motor diesel. O pico de pressão máximo obtido para o gasóleo é de 67 bar a plena carga. É evidente que a pressão de pico para todas as operações PO é superior à do gasóleo em todos os valores BMEP. A pressão de ciclo mais elevada obtida é de 72 bar para a PO230, seguida de 68,5 bar para a PD15. O aumento da pressão de pico para uma condição NOP mais elevada deve-se ao facto de, a 230 bar NOP, ser injetado mais combustível a uma pressão mais elevada e ser formada mais mistura combustível devido a um período de atraso mais curto. Isto melhora a combustão e resulta numa pressão de ciclo mais elevada. No caso do PD15, o maior calor latente de vaporização absorve o calor da câmara de combustão, o que, por sua vez, reduz a pressão do ciclo. A pressão de pico para o PO25 e o PAN200 é de 69 bar e 68 bar, respetivamente. A pressão de pico mais elevada do PO25 deve-se ao período de atraso mais longo e aos valores caloríficos e de viscosidade mais elevados do que os do gasóleo. Para o PAN200, a pressão de pico é inferior a todos os outros métodos de ensaio e é quase igual à do gasóleo devido ao período de atraso mais curto e à combustão melhorada.

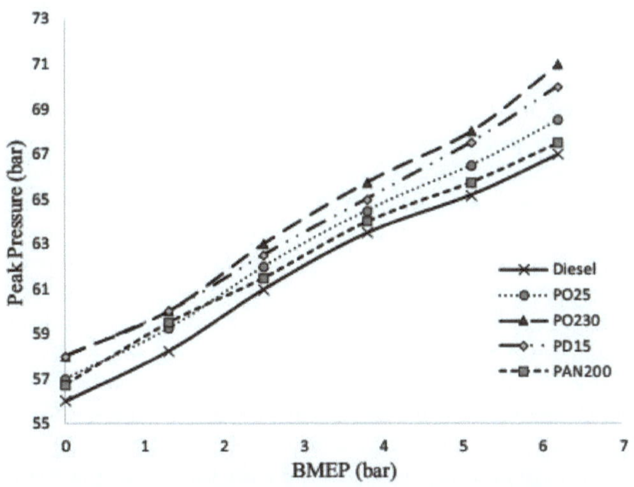

Figura 5.52. Variações da pressão de pico com BMEP

A comparação da pressão do ciclo com o ângulo da manivela é apresentada na Figura 5.53. Observa-se que, em comparação com o gasóleo, o início da combustão é retardado quando se utiliza PO25 e PD15 e avançado no caso de PO230 e PAN200. A taxa de combustão prémisturada é elevada no caso do PO230 devido à presença de uma grande quantidade de mistura combustível e a um período de atraso mais curto. No caso do PAN200, o aumento da pressão é uniforme e quase semelhante ao do gasóleo, devido ao aumento do índice de cetano, a um menor atraso na ignição e a uma melhor qualidade da ignição. O elevado teor aromático e a viscosidade aumentam o período de retardamento, o que é a razão para pressões de ciclo mais elevadas para o PO25. A adição de DEE aumenta ainda mais o período de atraso e observa-se um aumento súbito da pressão para o PD15.

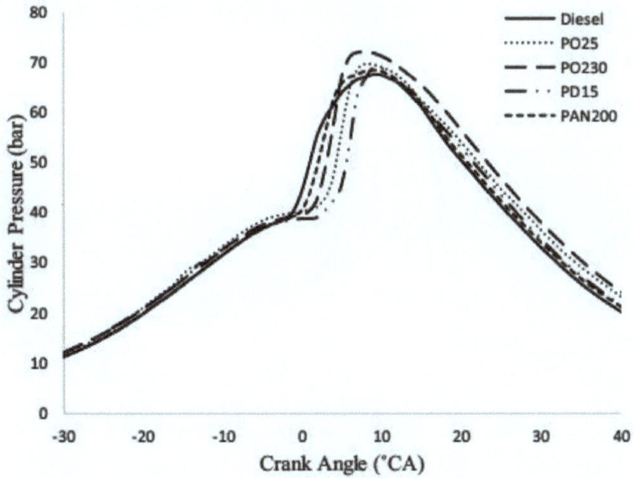

Figura 5.53. Variação da pressão do cilindro com o ângulo da manivela

(ii) Taxa de libertação de calor

A variação da taxa de libertação de calor para todos os métodos utilizados é comparada com a do gasóleo na Figura 5.54. A libertação máxima de calor é obtida no período de combustão pré-misturada, em que a taxa de combustão é muito elevada devido à queima rápida da mistura combustível preparada durante o período de atraso. Segue-se a fase de combustão por difusão, em que o combustível restante é queimado a uma velocidade controlada. A taxa de libertação de calor é menor e a duração desta fase é superior à da fase pré-misturada. Para o gasóleo, o pico da taxa de libertação de calor a plena carga é de 85,4 J/°CA e é o mais baixo de todos os métodos de ensaio. De todas as condições de funcionamento do PO, a taxa de libertação de calor do PD15 é a mais baixa com 121,5 J/°CA e, no caso do PO25, o pico de libertação de calor obtido é de 125,3 J/°CA. A taxa de libertação de calor mais elevada registada é de 153,97 J/°CA para o PO230 e para o PAN200 é de 149,8 J/°CA.

A taxa de libertação de calor mais baixa para a PD15 deve-se ao elevado calor latente de vaporização do DEE, que resulta numa temperatura mais baixa no interior do cilindro durante a combustão. Além disso, o menor poder calorífico do DEE também causa uma queda na taxa de calor libertado em comparação com outras operações PO. A maior taxa de libertação de calor do PO25 deve-se ao seu valor calorífico mais elevado, que provoca um aumento da quantidade de energia térmica libertada em relação ao gasóleo. A taxa de libertação de calor do PO230 e do PAN200 é mais elevada em comparação com outras condições de ensaio. No caso do PO230, a taxa de combustível injetado é aumentada e há mais quantidade de mistura combustível durante o período de atraso devido ao elevado grau de atomização, o que melhora a taxa de combustão, resultando numa elevada taxa de libertação de calor. A taxa de libertação de calor mais elevada para o PAN200 deve-se ao elevado poder calorífico e ao aumento da qualidade de ignição do nano-combustível. Outra razão é que a maior quantidade de oxigénio disponível na alumina aumenta a taxa de combustão e conduz a uma combustão completa.

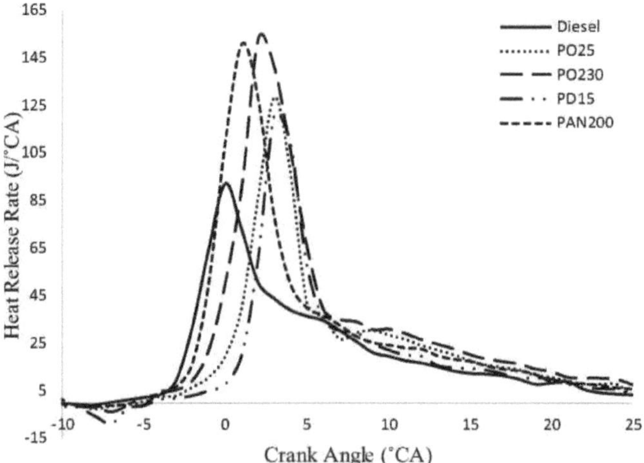

Figura 5.54. Variações da libertação de calor com o ângulo da manivela

(iii) Atraso de ignição

A variação do atraso de ignição com a BMEP para o gasóleo e várias operações de PO é apresentada na Figura 5.55. O atraso de ignição de um combustível depende principalmente das suas propriedades físicas e químicas. O período de atraso do gasóleo a plena carga é de 7,5°CA. Na BMEP máxima, o período de atraso mais longo obtido é observado para PD15 com 12°CA e operação seguida por PO25 com 9°CA. No caso da PO230 e da PAN200, o período de atraso está mais próximo do funcionamento a gasóleo. O período de atraso a plena carga para a PO230 é de 8,5 °CA e para a PAN200 é de 8 °CA. A razão para o maior período de atraso do PD15 é o elevado calor latente de vaporização do DEE, que reduz a temperatura no interior do cilindro ao absorver mais calor da câmara de combustão. Outra razão é que o DEE interage com as cadeias aromáticas mais pesadas presentes no PO, resultando num maior atraso na ignição, mas no caso do PO25, a maior viscosidade e a presença de compostos aromáticos mais pesados aumentam o período de atraso em comparação com o gasóleo. No caso do PO230, formam-se gotículas finas de combustível devido à maior pressão de abertura do bico, aumentando a área de contacto do combustível com os gases quentes, o que resulta numa taxa de evaporação mais elevada e num período de retardamento mais curto. A PAN200 tem o período de retardamento mais curto de todas as operações de PO e a razão para tal é o número de cetano mais elevado e a boa qualidade da ignição, que resulta num período de retardamento mais curto. Como se pode ver na Figura 5.54, o início da combustão é retardado para PO25 e PD15 devido a um período de retardamento mais elevado e é avançado no caso de PO230 e PAN200 devido a um atraso de ignição reduzido.

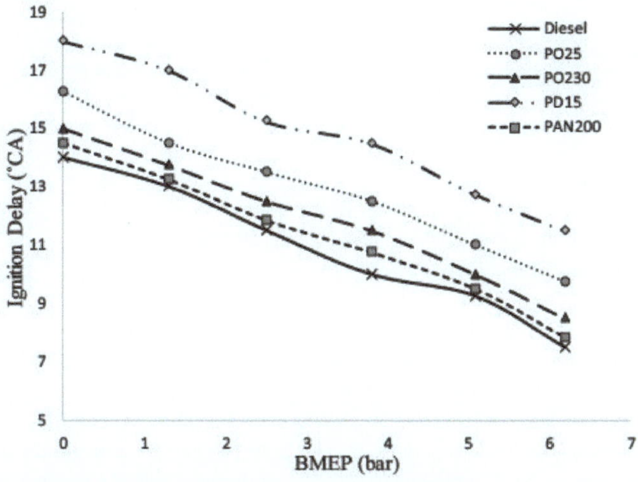

Figura 5.55. Variação do período de atraso com o BMEP

(iv) Duração da combustão

A variação da duração da combustão com a BMEP para todas as condições de ensaio está representada na Figura 5.56. A duração da combustão é calculada a partir do ponto de início da combustão até ao ponto em que 90% do calor total é libertado e depende principalmente da disponibilidade da mistura combustível na fase de difusão. A duração da combustão do gasóleo a plena carga é de 36°CA. A duração máxima da combustão é registada para o PO230 e é de 38,5°CA à potência nominal. Este aumento deve-se à elevada viscosidade do óleo plástico puro, que faz com que se acumule mais combustível no período de combustão por difusão, o que aumenta a taxa de libertação de calor e, subsequentemente, a duração da combustão. Para o PO25 e o PD15, a duração máxima da combustão é de 38°CA e 37,5°CA, respetivamente. A razão para este facto é que é queimada uma maior quantidade de combustível na fase de combustão controlada devido ao período de atraso mais elevado e à fraca atomização do PO25. O elevado número de cetano e o teor de oxigénio do DEE ajudam a realizar a maior parte da combustão no período de combustão pré-misturado, o que resulta numa duração de combustão mais baixa para o PD15 do que para as operações com PO puro. No caso do nano-combustível PAN200, a duração da combustão no BMEP máximo é de 36,5°CA. A diminuição da duração da combustão deve-se ao número de cetano mais elevado, ao período de atraso mais curto e ao aumento da qualidade da ignição, o que ajuda a efetuar a maior parte da combustão durante o período de combustão pré-misturada.

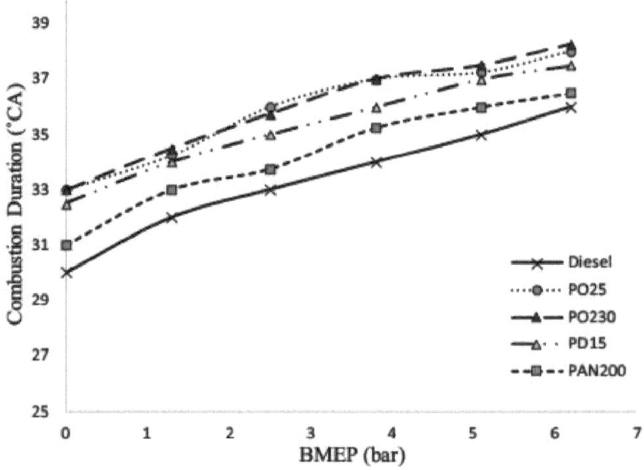

Figura 5.56. Variação da duração da combustão com a BMEP

5.5.3 Análise das emissões

(i) Emissão de NOX

A variação da emissão média de NOX na potência de travagem com a BMEP é ilustrada na Figura 5.57. A emissão de NOX para o gasóleo à potência nominal é de 4,29 g/kWh. No caso de várias operações de PO, o nível de NOX é de 4,41 g/kWh para PO25, 6,52 g/kWh para PO230, 4,21 g/kWh para PD15 e 5,7 g/kWh para PAN200. Todas as operações PO apresentaram emissões de NOX superiores às do gasóleo. Pode ver-se no gráfico que a PO230 tem a maior emissão de NOX em comparação com as outras condições de funcionamento. A razão para o aumento do nível de NOX deve-se à formação de gotículas finas, que aumenta a taxa de combustão, resultando numa maior pressão no cilindro e numa maior taxa de libertação de calor durante o período de combustão pré-misturada. O nível mais elevado de NOX no caso do PO25 deve-se à maior viscosidade e à baixa volatilidade, o que resulta num maior atraso na ignição. Este facto aumenta a pressão de pico e a temperatura no interior do cilindro, conduzindo a emissões de NOX mais elevadas. O nano-combustível PAN200 reduziu o nível de NOX em comparação com o funcionamento normal do PO. A razão desta redução reside no facto de o índice de cetano mais elevado e o período de retardamento mais curto resultarem numa pressão e temperatura mais baixas no ciclo. Além disso, devido à melhor qualidade da combustão, a acumulação de depósitos de carbono nas paredes do cilindro é menor, o que aumenta a taxa de transferência de calor e conduz à subsequente redução das emissões de NOX. De todas as técnicas implementadas, a PD15 apresentou os níveis mais baixos de NOX em todas as condições de carga e está mais próxima do funcionamento a gasóleo. O maior calor latente de vaporização do DEE presente na mistura produz um efeito de arrefecimento e reduz a temperatura de pico atingida durante a combustão pré-misturada, resultando em níveis mais baixos de NOX.

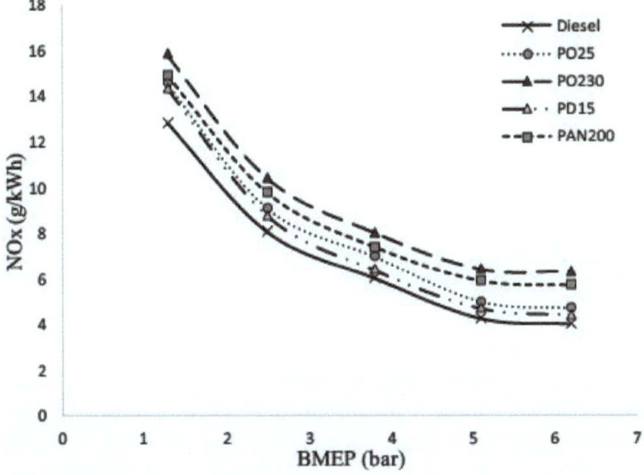

Figura 5.57. Variação do NOX com a BMEP

A Figura 5.58 apresenta uma comparação da emissão de fumos de várias técnicas com o funcionamento a gasóleo. A emissão de fumos para o gasóleo na condição BMEP máxima é de 3,8 BSU. A emissão de fumos para o PO25 a plena carga é de 4,25 BSU e para o PO230 é de 4,8 BSU. No caso do PD15 e do PAN200, o nível de fumo à carga máxima é de 4,1 BSU e 3,85 BSU, respetivamente. Em comparação, a PO230 apresentou níveis de fumo mais elevados do que as outras condições de funcionamento. Isto deve-se ao facto de, com pressões de abertura dos bicos mais elevadas, ser injetado mais combustível no cilindro, formando zonas localizadas de combustível rico, o que leva a uma combustão parcial e a níveis de fumo mais elevados. A relação carbono/hidrogénio mais elevada do PO25 em comparação com o gasóleo resulta num aumento das emissões de fumo. Outra razão é a fraca eficiência de combustão do PO25 devido à sua elevada viscosidade e à formação incorrecta da mistura. O nível de fumo do PD15 é inferior ao do PO e o do PAN200 é inferior ao do gasóleo. No caso do PD15, a elevada volatilidade do DEE melhora a atomização e o maior teor de oxigénio produz uma zona de combustão mais pobre no interior da câmara de combustão, resultando numa menor emissão de fumo. A adição de nanoalumina melhora a qualidade da ignição e a taxa de combustão, resultando numa combustão mais completa, o que conduz a uma menor emissão de fumo.

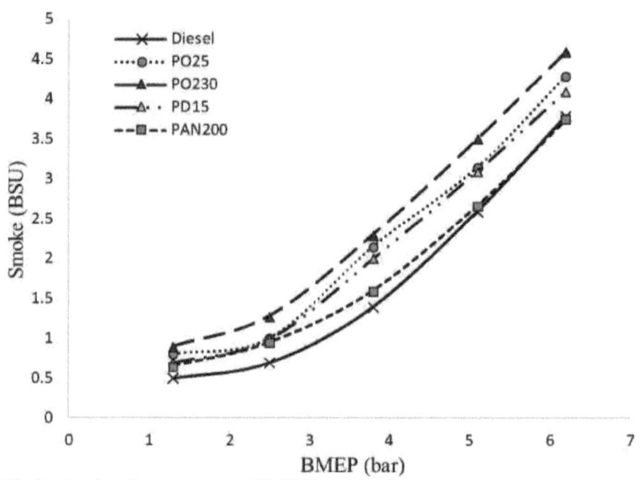
Figura 5.58. Variação dos fumos com a BMEP

(ii) Emissão de hidrocarbonetos

A figura 5.59 ilustra a variação da emissão média de HC na potência de travagem em função da BMEP para todas as condições de funcionamento. Para o gasóleo, a emissão de HC à potência nominal é de 0,069 g/kWh. A plena carga, o nível de emissão de HC para o PO25 é de 0,12 g/kWh e para o PO230 é de 0,13 g/kWh. No caso da PD15, é de 0,18 g/kWh na condição BMEP máxima, enquanto que para a PAN200 é de 0,064 g/kWh. Como se pode ver no gráfico, a maior emissão de HC a plena carga é registada para a PD1 5 do que para as outras condições de funcionamento. Este aumento na emissão de HC deve-se à extinção da chama devido ao efeito de arrefecimento produzido pela vaporização do DEE. Outra razão é a densidade reduzida e a maior volatilidade do PD15, fazendo com que o combustível escorregue para as fendas, levando a níveis mais elevados de HC no escape. A emissão de HC para o PO230 é menor do que para o PD15 devido a uma melhor atomização e combustão pré-misturada, o que é evidente no gráfico de pressão do cilindro (Figura 5.53).

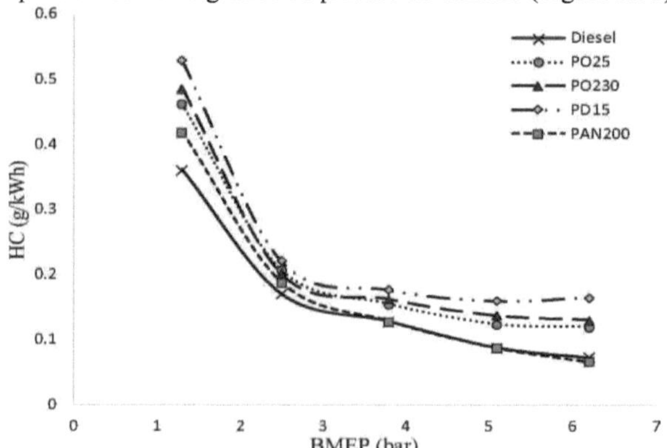
Figura 5.59. Variação de HC com BMEP

As más características da pulverização e a mistura inadequada reduzem a eficiência da combustão, conduzindo a emissões de HC mais elevadas para o PO25 quando comparado com o funcionamento a gasóleo. O PAN200 tem as emissões de HC mais baixas de todas as condições de funcionamento e também é inferior ao funcionamento a gasóleo. Esta redução deve-se ao facto de as nanopartículas aumentarem a área de contacto das gotículas de combustível com os gases quentes e aumentarem a taxa de combustão. As microexplosões da nanoalumina aumentam a temperatura no interior do cilindro, o que, por sua vez, aumenta a taxa de vaporização, o que melhora a eficiência da combustão e reduz a emissão de HC.

(iii) Emissão de monóxido de carbono

A variação da emissão de CO com a BMEP para o gasóleo e o PO em diferentes condições de funcionamento é apresentada na Figura 5.60. A emissão de CO é uma medida da ineficiência da combustão de um motor de combustão interna. Para o gasóleo, a quantidade de emissões de CO a plena carga é de 0,56 g/kWh. A concentração de CO no escape para o PO25 a plena carga é de 0,79 g/kWh e para o PO230 é de 0,75 g/kWh. No caso do PD15 e do PAN200, a emissão de CO à carga máxima é de 0,61 g/kWh e 0,51 g/kWh, respetivamente.

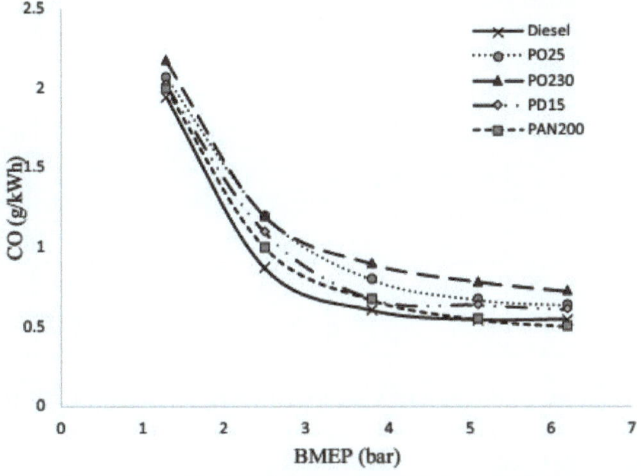

Figura 5.60. Variação das emissões de CO com a BMEP

Como se pode ver no gráfico, o PO25 tem os níveis mais elevados de emissão de CO do que todas as operações. Este facto deve-se à maior viscosidade do PO25 que diminui a atomização e vaporização das gotículas de combustível, bloqueando a combustão completa da mistura ar-combustível. A razão para a redução dos níveis de CO com o aumento do NOP deve-se ao aumento da oxidação da mistura combustível, promovendo uma combustão mais completa do que o PO25. No caso do PD15, o nível de CO diminuiu significativamente e, no caso do PAN200, é inferior ao funcionamento a gasóleo. O maior teor de oxigénio no éter dietílico forma um ambiente mais pobre dentro da câmara de combustão, permitindo que mais combustível seja oxidado durante a combustão, resultando em níveis mais baixos de CO no escape. No caso do PAN200, a emissão de CO à potência nominal é inferior à do gasóleo. Esta redução da quantidade de CO deve-se ao maior teor de oxigénio na nanopartícula de alumina, que promove a combustão completa da mistura ar-combustível, e também à menor viscosidade e maior cetano do nano-combustível, que aumenta a atomização e a qualidade da ignição, conduzindo a uma combustão mais completa.

A investigação experimental realizada revelou que o óleo de plástico puro pode ser utilizado diretamente como combustível em motores diesel sem quaisquer modificações. No entanto, as características de desempenho e de emissões eram fracas em comparação com o gasóleo normal. Entre as diferentes técnicas implementadas para melhorar as características do motor alimentado a óleo plástico, o nano-combustível PAN200 apresentou características superiores. As propriedades físicas e químicas do combustível melhoraram significativamente com o nano-combustível. Verificou-se que o desempenho e a combustão do nano-combustível plástico são semelhantes aos do funcionamento normal do gasóleo, enquanto as características de emissão são melhores do que as do gasóleo. Os parâmetros utilizados para a análise a plena carga de todos os métodos de ensaio são comparados no Quadro 5.1.

Quadro 5.1. Comparação dos parâmetros do motor

Métodos utilizado	Travão Térmica Eficiência (%)	Energia específica de travagem Consumo (MJ/kWh)	Gás de escape Temperatura (°C)	Pico Pressão (bar)	Atraso de ignição (°CA)	Duração da combustão (°CA)	NOx (g/kWh)	Fumo (BSU)	HC (g/kWh)	CO (g/kWh)
Gasóleo	30.9	11.4	408	67	7.5	36	4.29	3.8	0.069	0.56
PO	27.83	13.1	437	71	11	46	6.18	5.6	0.17	1.15
PO25	30.01	12.09	418	69	9	38	4.41	4.25	0.12	0.79
PO230	29.5	12.2	448	72	8.5	38.5	6.52	4.8	0.13	0.75
PD15	30.03	12.03	411	68.5	12	37.5	4.21	4.1	0.18	0.6
PAN200	30.35	11.95	432	68	8	36.5	5.7	3.75	0.064	0.51

5.6 ESTIMATIVA DE CUSTOS PARA A PRODUÇÃO DE ÓLEO PLÁSTICO

O custo de produção de óleo plástico pelo método de pirólise é determinado tendo em conta vários parâmetros, tais como

- Capacidade de produção anual da fábrica
- Custo do capital
- Custo das matérias-primas
- Horas de funcionamento anual da instalação

O custo total de produção é estimado partindo do princípio de que a fábrica produziria 600 000 litros de óleo plástico por ano. Assume-se que a fábrica funcionará durante 300 dias por ano e que o rendimento será de 2000 litros por dia. Os vários custos considerados para estimar o custo total de produção são

(i) Custo do capital

O custo de capital consiste no montante investido na instalação da maquinaria e na afetação de outros equipamentos para a pirólise de resíduos de plástico. Inclui igualmente as despesas pré-operacionais incorridas antes do início da produção.

(ii) Custo fixo

Os custos fixos de funcionamento correspondem principalmente aos custos de mão de obra para o funcionamento da fábrica. A fábrica requer mão de obra semi-qualificada, engenheiros e gestores para a realização de várias operações. Os outros custos envolvidos são os custos de manutenção, os custos de serviço para a instalação de cabos, tubagens, etc.

(iii) Custo variável

Os custos de exploração variáveis incluem os custos das matérias-primas, o custo da eletricidade e da água, os custos de transporte, etc.

Todos estes parâmetros de custo são estimados anualmente e o custo de produção por litro de óleo plástico é determinado e apresentado no quadro 5.2

Quadro 5.2 Estimativa dos custos de produção de óleo plástico

Custo	Rúpias por ano	Rúpias por litro
Custo do capital	1,500,000	2.5
Custos fixos de funcionamento		
Encargos laborais	5,400,000	9
Despesas gerais das instalações	4,800,000	8
Manutenção e taxas de serviço	500,000	0.84
Impostos, hipotecas e seguros	225,000	0.375
Custo variável		
Despesas de transporte	450,000	0.75
Encargos com matérias-primas	400,000	0.67
Taxas de eletricidade e de água	2,000,000	3.33
Diversos	600,000	1
Custo total (1+2+3)	15,875,000	26.58 " 27

O custo total de produção por litro de óleo plástico é estimado em 27 rupias, o que é significativamente inferior ao custo por litro de gasóleo (50,23 rupias). Vale a pena notar que o custo diminuirá ainda mais com o aumento da produção em massa e da capacidade da fábrica.

CAPÍTULO 6

RESUMO

No presente trabalho, foram efectuadas investigações para avaliar o potencial do óleo de plástico usado como combustível no gasóleo. Além disso, foram investigados diferentes métodos para melhorar o desempenho global do motor alimentado a óleo plástico e comparados com o funcionamento normal do gasóleo. Os efeitos de vários métodos, como a mistura, a variação da pressão de abertura do bocal, a adição de DEE e de nano-combustível plástico, foram analisados em pormenor. As conclusões baseadas em cada técnica foram categorizadas e apresentadas nesta secção.

6.1 FUNCIONAMENTO COM MISTURAS DE ÓLEOS PLÁSTICOS

• O óleo sintetizado a partir do material plástico usado tem propriedades semelhantes às do gasóleo. O motor foi capaz de funcionar com óleo de plástico puro sem quaisquer modificações.

• As misturas de óleo plástico mostraram uma BSEC inferior à do óleo plástico devido à sua menor viscosidade. A eficiência térmica melhorou com a redução da percentagem de óleo plástico. A eficiência térmica do gasóleo à potência nominal é de 30,9%, enquanto que para a mistura PO25 é de 30,01%.

• A pressão no cilindro e a pressão de pico do motor quando se utiliza óleo plástico e as suas misturas são superiores às do gasóleo. A pressão de pico para o PO25 a plena carga é de 68,5

bar e para o gasóleo é de 67 bar.

• O valor calorífico mais elevado e o maior teor de oxigénio no óleo plástico aumentam consideravelmente a taxa de libertação de calor do que no gasóleo e diminuem com a redução das fracções da mistura.

• O atraso na ignição do gasóleo é menor quando comparado com as misturas e o óleo plástico puro. O menor índice de cetano e a maior viscosidade das misturas aumentam o período de atraso.

• Devido à elevada viscosidade do óleo plástico puro, há mais mistura ar-combustível disponível durante a fase de combustão por difusão, aumentando a duração da combustão e a taxa de libertação de calor do que outros combustíveis.

• As emissões do motor melhoraram consideravelmente com a utilização de misturas de óleos plásticos. Entre todos os combustíveis de ensaio, o PO25 apresentou melhores características de emissão. O nível de fumos e de NOX foi reduzido em 22% e 17%, respetivamente, à carga máxima para a mistura PO25, em comparação com o funcionamento com PO puro. Registou-se uma redução de 23,5% e 32,4% nas emissões de HC e CO com o PO25.

6.2 OPERAÇÃO COM VARIAÇÃO DE NOP

• Verificou-se que a pressão óptima de abertura do bico para a aplicação de 100% de óleo plástico no motor diesel é de 230 bar. As características de desempenho e de emissões do PO a 230 bar são quase semelhantes às do funcionamento normal do gasóleo.

• A eficiência térmica do travão para o PO a 230 é aumentada em 6,9% em comparação com o funcionamento normal do plástico e está mais próxima do gasóleo. A eficiência térmica máxima do travão é de 29,29% para o PO a 230 bar a plena carga.

• Embora o efeito da variação do NOP na pressão de pico e na libertação de calor seja muito pequeno, o período de atraso e a duração da combustão reduziram-se significativamente. Quanto maior for o NOP, menor será o atraso da ignição e a duração da combustão.

•   Verificou-se que as emissões de fumos, HC e CO do PO a 230 bar são 13,3%, 23,5% e 19,5% inferiores às do PO normal à carga máxima e mais próximas das do gasóleo. No entanto, um maior aumento do NOP resultou em emissões mais elevadas.

•   Para o PO a 230 bar, a emissão de NOx aumentou ligeiramente (5,3%) em comparação com o funcionamento normal do PO.

6.3 OPERAÇÃO COM DEE BLENDS

•   As misturas PO-DEE apresentaram um BSEC mais baixo do que o óleo plástico devido ao número de cetano mais elevado e à baixa viscosidade. A eficiência térmica do travão é melhorada com a adição de DEE. A plena carga, a eficiência térmica máxima obtida é de 30,03% para o PD15, que é mais próxima da do gasóleo.

•   A pressão de pico e a libertação de calor foram reduzidas para as misturas DEE quando comparadas com o óleo plástico. Registou-se um aumento no período de atraso, o que resultou num atraso no início da combustão.

•   Entre todas as misturas e óleos plásticos, o PD15 apresentou melhores características de emissão. Os fumos e os NOX foram reduzidos em 25% e 29%, respetivamente, à carga máxima para o PD15. As emissões de CO das misturas foram inferiores, mas as emissões de HC foram ligeiramente superiores quando comparadas com as operações com óleo plástico puro.

•   A adição de DEE ao óleo de plástico melhorou as características do motor em todos os aspectos. Proporciona um melhor desempenho e emissões mais limpas quando comparado com o óleo plástico.

6.4 FUNCIONAMENTO COM NANO-COMBUSTÍVEL PLÁSTICO

•   A eficiência térmica do travão é aumentada e o BSEC é reduzido para o nano-combustível quando comparado com o funcionamento com óleo plástico de base. A eficiência térmica máxima de 30,35% é obtida para o PAN200, que é quase igual à do gasóleo.

•   Os nano-combustíveis PO apresentaram melhorias significativas nas propriedades físicas e químicas quando comparados com o óleo plástico de base. Entre todos os combustíveis testados, o PAN200 apresentou características superiores de desempenho, combustão e emissão.

•   Com o aumento da concentração de AON, verifica-se uma redução considerável da pressão de pico, mas, pelo contrário, a libertação líquida de calor aumenta.

•   A duração da combustão e o período de atraso das operações do PAN200 são quase iguais aos do gasóleo.

•   A iniciação da combustão é consideravelmente avançada para os nano-combustíveis PO devido ao aumento do índice de cetano e a um período de retardamento mais curto.

•   Todas as emissões do motor são reduzidas durante o funcionamento com nano-combustíveis e observa-se uma redução significativa do nível de emissões de fumo, HC e CO. No entanto, a redução dos NOX é muito pequena. Quando comparados com o gasóleo, os fumos, os HC e o CO a plena carga foram reduzidos em 1,3%, 6,67% e 8,9% para o PAN200. Com base na investigação experimental efectuada, conclui-se que o nano-combustível de plástico (PAN200) apresenta um bom desempenho e uma boa combustão quando utilizado como combustível num motor de ignição por compressão de aspiração natural para veículos ligeiros. Além disso, os níveis de emissão do nano-combustível plástico são inferiores aos do funcionamento a gasóleo.

CAPÍTULO 7

DIRECÇÕES FUTURAS

Com base no trabalho de investigação realizado, conclui-se que o óleo de plástico pode ser diretamente implementado no motor diesel, quer na forma pura quer na forma misturada, sem quaisquer modificações na conceção do motor. No entanto, o motor a funcionar com nano-combustível plástico teve um desempenho semelhante, melhor combustão e emissões mais limpas do que o funcionamento normal a gasóleo. Embora o objetivo do estudo tenha sido alcançado, ainda há margem para mais melhorias e investigação. Assim, neste capítulo, são incluídas algumas direcções para investigação futura com base no trabalho que foi realizado.

• O efeito dos parâmetros do motor pode ser investigado com a ajuda de sistemas electrónicos avançados de gestão do motor (EMS), que podem controlar o tempo de injeção, a duração do impulso de injeção de combustível, o início da combustão, etc.

• O trabalho pode ser alargado a motores diesel pesados de vários cilindros.

• Podem ser exploradas outras técnicas possíveis para reduzir as emissões DE NOx sem comprometer as outras emissões e o desempenho.

• A análise computacional pode ser utilizada para estudar as características de pulverização, a formação de misturas e a combustão do combustível de óleo plástico, com o objetivo de melhorar ainda mais.

• A cinética química pode ser utilizada para analisar a combustão do óleo plástico para uma melhor compreensão.

BIBLIOGRAFIA

1. Aalam, C.S. e Saravanan, C.G. (2015). Efeitos do biodiesel de Mahua misturado com óxido de nano metal no motor diesel CRDI. *Ain Shams Engineering Journal*. https://doi.Org/10.1016/j.asej.2015.09.013.

2. Akasaka, Y., Sasaki, T., Kato, S., e Onishi, S., (1990). Evaluation of Oxygenated Fuel by Direct Injection Diesel and Direct Fuel Injection Impingement Diffusion Combustion Engines. *SAE Technical Paper*, 901566, doi:10.4271/901566.

3. Al-Dawody, M. e Bhatti, S.K. (2013). Estratégias de otimização para reduzir o efeito NOx do biodiesel no motor diesel com verificação experimental. *Conversão e Gestão de Energia*, 68: 96-104.

4. Anand, R e Mahalakshmi, N.V. (2007). Redução simultânea dos NOx e dos fumos de um motor diesel de injeção direta com recirculação dos gases de escape e éter dietílico. *Actas do Instituto de Engenheiros Mecânicos, Parte D: Jornal de Engenharia Automóvel*, 221.

5. Antony, R. e Murali, A. (2011). Conversão de resíduos plásticos em combustíveis. *Journal of Materials Science and Engineering*, 86-89.

6. Basha, J.S. e Anand, R.B. (2014). Características de desempenho, emissão e combustão de um motor diesel usando emulsões de éster metílico de Jatropha misturadas com nanotubos de carbono. *Alexandria Engineering Journal*, 53: 259-273.

7. Churkuntia, P.R., Mattsona, J., Depcika, C. e Devlin, G. (2016). Análise de combustão de combustível plástico de fim de vida de pirólise misturado com diesel de enxofre ultrabaixo. *Tecnologia de Processamento de Combustível*, 142: 212-218.

8. Cinar, C., Can, O., Sahin, F. e Yucesu, H.S. (2010). Efeitos do éter dietílico pré-misturado (DEE) na combustão e nas emissões de escape num motor diesel HCCI-DI. *Applied Thermal Engineering*, 30: 360-365.

9. D'Silva, R. e Binu, K.G. (2015). Características de desempenho e emissão de um motor C.I. alimentado com diesel e nanopartículas de TiO2 como aditivo de combustível. *Materiais Hoje: Proceedings*, 2: 3728 - 3735.

10. Daniel, P.M., Kumar, V., Prasad, D. e Puli, R.K. (2015). Características de desempenho e emissão do motor diesel operado com óleo de pirólise de plástico com recirculação de gases de escape. *Revista Internacional de Energia Ambiental*, 2015.

11. Dong, H., Shuai, S., Li, Wang, J. e He, H. (2008). Estudo da redução catalítica selectiva de NOx por etanol sobre o catalisador Ag/Al2O3 num motor diesel HD. *Chemical Engineering Journal*, 135: 195-201.

12. Frigoa, S., Seggianib, M., Puccinib, M. e Vitolo, V. (2014). Produção de combustível líquido a partir da pirólise de resíduos de pneus e sua utilização num motor Diesel. *Fuel.*, 116: 399-408.

13. Gan, Y., Lim, Y.S e Qiao, L. (2012) Combustão de combustíveis nanofluidos com a adição de partículas de boro e ferro em concentrações diluídas e densas. *Combustion and Flame*, 159: 1732-1740.

14. Geo, V.E., Nagarajan, G. e Nagalingam, B. (2010). Estudos sobre a melhoria do desempenho do combustível de óleo de semente de borracha para motores diesel com injeção de porta DEE. *Fuel*, 89(11): 3559-3567.

15. Grados, C.V., Uriondo, Clemente, M. e Gutierrez, J.M. (2009). Correção dos desajustes da pressão de injeção para reduzir as emissões de NOx dos motores diesel marítimos. *Transportation Research Part D.*, 14: 61-66.

16. Guru, M., Karakaya, U., Altiparmak, D. e Ahmet, A. (2002). Improvement of Diesel fuel properties by using additives. *Energy Conversion and Management,* 43:1021-1025.

17. Hai Vu, P., Nishida, O., Fujita, H., Harano, W., Toyoshima, N. e Iteya, M. (2001). Redução de NOx e PM de motores diesel por combustível emulsionado WPD. *SAE Paper,* (2001-01-0152):1021-1032.

18. Hakan Bayraktar. (2008). Estudo experimental sobre os parâmetros de desempenho de um motor de ignição por compressão experimental alimentado com misturas de gasóleo-metanol-dodecanol. *Fuel.,* 87(2): Páginas 158-164.

19. Hamid, S.H., Amin, M.B. e Maadhah, A.G. (1992). Handbook of Polymer Degradation, Marcel Decker, Nova Iorque.

20. Hayes, T.K., Savage, L.D. e Sorenson, S.C. (1986). Aquisição de dados de pressão do cilindro e libertação de calor num computador pessoal. *SAE Transaction,* 860029.

21. Hoekman, S.K., Broch, A., Robbins, C., Ceniceros, E. e Natarajan, M. (2012). Revisão da composição, propriedades e especificações do biodiesel. *Renewable and Sustainable Energy Reviews,* 16:143-69.

22. Imtenan, S., Masjuki, H.H., Varman, M., Fattah, I.M.R., Sajjad, H. e Arbab, M.I. (2015). Efeito do n-butanol e do éter dietílico como aditivos oxigenados nas características de desempenho de combustão-emissão de um motor diesel de múltiplos cilindros alimentado com mistura de biodiesel diesel-jatropha. *Conversão e Gestão de Energia,* 94: 84-94.

23. Jayaraman, K., Anand, K.V., Chakravarthy, S.R e Sarathi, R. (2005). Efeito do nano alumínio na combustão de propulsores sólidos compostos catalisados e de combustão em plateau. *Combustion and Flame,* 156:1662-1673.

24. Jothi, N.K.M., Nagarajan, G. e Renganarayanan, S. (2007). Estudos experimentais sobre motores de combustão interna de carga homogénea alimentados com GPL utilizando DEE como intensificador de ignição. *Renewable Energy.,* 32(9): 1581-1593.

25. Jung, H., Kittelson, D.B e Zachariah, M.R. (2005). The influence of a cerium additive on ultrafine diesel particle emissions and kinetics of oxidation (A influência de um aditivo de cério nas emissões de partículas ultrafinas de gasóleo e na cinética da oxidação). *Combustion and Flame,* 142:276-288.

26. Kajitani, S., Chen, Z., Konno, M. e Rhee, K. (1997). Desempenho do motor e características de escape do motor diesel de injeção direta operado com DME. *SAE Technical Paper,* 972973, doi:10.4271/972973.

27. Karabektas, M., Ergena, G. e Hosoz, M. (2014). Os efeitos da utilização de éter dietílico como aditivo no desempenho e nas emissões de um motor diesel alimentado com GNC. *Fuel,* 115: 855-860.

28. Kouremenos, D., Hountalas, D., Binder, K. e Raab, A. (2001). Using Advanced Injection Timing and EGR to Improve DI Diesel Engine Efficiency at Acceptable Níveis de NO e fuligem. *Documento Técnico SAE,* 2001-01-0199, doi:10.4271/2001-01- 0199

29. Kumar, N. e Chauhan, S.R. (2013). Características de desempenho e emissão de biodiesel de diferentes origens: A review. *Renewable and Sustainable Energy Reviews.*

30. Kumar, S., Prakash, R., Murugan, S. e Singh. R.K. (2013). Análise de desempenho e emissões de misturas de óleo plástico residual obtido por pirólise catalítica de resíduos de HDPE com diesel em um motor CI. *Conversão e Gestão de Energia,* 74: 323-331.

31. Ladommatos, N., Abdelhalim, S., Zhao, H. e Hu, Z. (1998). Effects of EGR on Heat Release in Diesel Combustion (Efeitos da EGR na libertação de calor na combustão de gasóleo). *SAE Technical Paper,* 980184, doi: 10.4271/980184.

32. Lahaye, J., Boehm, S., Chambrion, P.H. e Ehrburger, P. (1996). Influência do óxido de cério na formação e oxidação da fuligem. *Combustion and Flame,* 104:199-207.

33. Lenine, M.A., Swaminathan, M.R. e Kumaresan, G. (2013). Características de desempenho e emissão de um motor diesel DI com um aditivo nanofuel. *Fuel*, 109: 362-365.

34. Lin, L., Cunshan, Z., Vittayapadung, S., Xiangqian, S. e Mingdong, D. (2011). Oportunidades e desafios para o combustível biodiesel. *Applied Energy,* 88:1020-31.

35. Liotta, F. e Montalvo, D., (1993). The Effect of Oxygenated Fuels on Emissions from a Modern Heavy-Duty Diesel Engine. *SAE Technical Paper*, 932734, doi: 10.4271/932734.

36. Maiboom, A. e Tauzia, X. (2011). Redução das emissões de NOx e PM num motor HSDI Diesel para automóveis com emulsão de água em gasóleo e EGR: um estudo experimental. *Fuel,* 90: 3179-3192.

37. Mallikarjun, M., Mamilla, V.R. e Rao, G.L. (2013). Técnicas de controlo das emissões de NOx quando o motor CI é alimentado com misturas de ésteres metílicos de Mahua e gasóleo. *Jornal Internacional de Ciências da Engenharia e Tecnologias Emergentes*, 4:96-104

38. Mani, M., Nagarajan, G. e Sampath, S. (2010). Uma investigação experimental num motor diesel DI que utiliza óleo de plástico usado com recirculação dos gases de escape. *Fuel*, 89:1826-1832.

39. Mani, M., Nagarajan, G. e Sampath, S. (2011). Caracterização e efeito da utilização de misturas de óleo de plástico usado e gasóleo em motores de ignição por compressão. *Energia,* 36: 212-219.

40. Mani, M., Nagarajan, G. e Sampath, S. (2011). Caracterização e efeito da utilização de misturas de óleo de plástico usado e gasóleo em motores de ignição por compressão. *Energia,* 36: 212-219.

41. Mehta, R.N., Chakraborty, M e Parikh, P.A. (2014). Nanofuels: Combustão, desempenho do motor e emissões. *Fuel*, 120: 91-97.

42. Miskolczi, N., Bartha, L., Dea'k, G. e Jo ver, B. (2004). Degradação térmica de resíduos plásticos urbanos para a produção de hidrocarbonetos combustíveis. *Polymer Degradation and Stability*, 86:357-366.

43. Mofijur, M., Masjuki, H.H., Kalam, M.A., Atabani, A.E., Shahabuddin, M., Palash, S.M. e Hazrat, M.A. (2013). Efeito do biodiesel de várias fontes de alimentação nas características de combustão, durabilidade do motor e compatibilidade de materiais: A review. *Renewable and Sustainable Energy Reviews* 28: 441-455.

44. Murayama, T., Zheng, M., Chikahisa, T., e Oh, Y. (1995). Simultaneous Reductions of Smoke and NOx from a DI Diesel Engine with EGR and Dimethyl Carbonate (Reduções simultâneas de fumo e NOx de um motor diesel DI com EGR e carbonato de dimetilo). *SAE Technical Paper*, 952518, doi: 10.4271/952518.

45. Murugan, S., Ramaswamy, M.C. e Nagarajan. G. (2009). Assessment of pyrolysis oil as an energy source for diesel engines (Avaliação do óleo de pirólise como fonte de energia para motores a gasóleo). *Fuel Processing Technology,* 90: 67-74.

46. Parlak, A., Yasar, H., Hasimoglu, C. e Kolip, A. (2005). Os efeitos do tempo de injeção nas emissões de NOX de um motor diesel de injeção indireta com baixa rejeição de calor. *Applied Thermal Engineering*, 25: 3042-3052.

47. Patila, K.R. e Thipse, S.S. (2015). Investigação experimental da combustão, desempenho e emissões do motor CI em misturas DEE-querosene-diesel de alta concentração de DEE. *Energy Conversion and Management*, 89: 396-408.

48. Pradeep, V. e Sharma, R.P. (2007). Utilização de EGR quente para controlo de NOx num

motor de ignição por compressão alimentado com biodiesel de óleo de Jatropha. *Renewable Energy.*, 32: 1136-1154.

49. Qi, D.H, Chen, H., Geng, L.M e Bian, Y.Z. (2011). Efeito dos aditivos éter dietílico e etanol nas características de combustão e emissão do motor de combustível misturado biodieseldiesel. *Renewable Energy.*, 36: 1252-1258.

50. Rakopoulos, D.C., Rakopoulos, C.D., Giakoumis, E.G. e Dimaratos, A.M. (2013). Estudo da combustão e da irregularidade cíclica do éter dietílico como combustível suplementar no motor diesel. *Fuel*, 109: 325-335.

51. Risha, G.A., Son, S.F., Yetter, R.A., Yang, V. e Tappan, B.C. (2007). Combustão de nano-alumínio e água líquida. *Actas do Instituto de Combustão,* 31: 2029-2036.

52. Ropke, S., Schweimer, G., e Strauss, T. (1995). NOx Formation in Diesel Engines for Various Fuels and Intake Gases (Formação de NOx em Motores Diesel para Vários Combustíveis e Gases de Admissão). *SAE Technical Paper,* 950213, doi: 10.4271/950213.

53. Sajith, V., Sobhan, C. B. e Peterson, G.P. (2010). Investigações experimentais sobre os efeitos dos aditivos de combustível de nanopartículas de óxido de cério no biodiesel. *Avanços em Engenharia Mecânica.*

54. Sakata, Y., Uddin, M.A e Muto, A. (1999). Degradação de polietileno e polipropileno em óleo combustível utilizando catalisadores sólidos ácidos e não ácidos. *Journal of Analytical and Applied Pyrolysis*, 51(1-2):135-155.

55. Sartorius, I. (2010). Estudo de caso sobre materiais 4: plásticos. *Fórum Mundial da OCDE sobre o Ambiente, Direção do Ambiente da OCDE.*

56. Sayin, C. e Gumus, M. (2011). Impacto da Taxa de Compressão e dos Parâmetros de Injeção no Desempenho e nas Emissões de um Motor Diesel DI Alimentado com Combustível Diesel Misturado com Biodiesel. *Applied Thermal Engineering*, 31(16): 31823188.

57. Shaafi, T. e Velraj, R. (2015). Influência de nanopartículas de alumina, mistura de etanol e isopropanol como aditivo com combustível de mistura de biodiesel de soja e diesel: Combustão, desempenho do motor e emissões. *Renewable Energy.*, 80: 655-663.

58. Sharma, A. e Murugan, S. (2013). Investigação sobre o comportamento de um motor diesel DI alimentado com misturas de Jatropha Methyl Ester (JME) e óleo de pirólise de pneus (TPO). *Fuel,* 108: 699-708.

59. Siddiquia, M.N. e Redhwi, H.H. (2009). Catalytic co-processing of waste plastics and petroleum residue into liquid fuel oils (Co-processamento catalítico de resíduos plásticos e resíduos de petróleo em óleos combustíveis líquidos). *Journal of Analytical and Applied Pyrolysis,* 86: 141-147.

60. Sivalakshmi, S e Balusamy, T. (2013). Efeito do biodiesel e suas misturas com éter dietílico na combustão, desempenho e emissões de um motor diesel. *Fuel,* 106: 106-110.

61. Song, K.H., Nag, P., Litzinger, T.A. e Haworth, D.C. (2003). Effects of oxygenated additives on aromatic species in fuel-rich, premixed ethane combustion: a modelling study. *Combustion and Flame,* 135: 341-349.

62. Stoner, M. e Litzinger, T. (1999). Effects of Structure and Boiling Point of Oxygenated Blending Compounds in Reducing Diesel Emissions (Efeitos da estrutura e do ponto de ebulição dos compostos de mistura oxigenados na redução das emissões de gasóleo). *SAE Technical Paper .*,1999-01-1475, doi: 10.4271/1999-01-1475.

63. Subramanian, K.A e Ramesh, A. (2002). Funcionamento de um motor de ignição por compressão com misturas de gasóleo e éter dietílico. *ASME Internal Combustion Engines,* 39:

353-60.

64. Subramanian, M. e Rajesh, M. (2002). Utilização de éter dietílico juntamente com emulsão de água-diesel num motor diesel Di. *Documento SAE*, 2002-01-2720.

65. Swaminathan, C. e Sarangan, J. (2012). Características do desempenho e das emissões de escape de um motor de ignição por compressão alimentado com biodiesel (óleo de peixe) com DEE como aditivo. *Biomassa e Bioenergia*, 39: 168-174.

66. Tauzia, X., Maiboom, M. e Shah, S.R. (2010). Estudo experimental da injeção de água no coletor de admissão sobre a combustão e as emissões de um motor Diesel de injeção direta para automóveis. *Energia*, 35: 3628-3639.

67. Tudu, K., Murugan, S. e Patel, S.K. (2015). Efeito do éter dietílico em um motor diesel DI executado em uma mistura de combustível-diesel derivada de pneus. *Jornal do Instituto de Energia*.

68. Tyagi, H., Phelan, P.E., Prasher, R., Peck, R., Lee, T. e Pacheco, J.R. (2008). Aumento da probabilidade de ignição em placa quente para gasóleo carregado com nanopartículas. *Nano Letters*, 8:1410-1416.

69. Velmurugan, K e Sathiyagnanam, A.P. (2015). Impacto dos antioxidantes nas emissões de NOx de um motor diesel DI alimentado a biodiesel de sementes de manga. *Alexandria Engineering Journal*.

70. Walendziewski, J. (2002). Combustível para motores derivado de resíduos plásticos por tratamento térmico. *Journal of Fuel*, 81:473-481.

71. Wang, H.W., Huang, Z.H., Zhou, L.B., Jiang, D.M. e Yang, Z.L. (2000). Investigação das características de emissão de um motor de ignição por compressão com combustíveis oxigenados e recirculação dos gases de escape. *Actas da Instituição de Engenheiros Mecânicos, Parte D. Journal of Automobile Engineering: Journal of Automobile Engineering*, 214: 503508.

72. Williams, P.T. e Williams, E.A. (1990). Interação de plásticos na pirólise de plásticos mistos, *Energia e Combustíveis,* 13: 188-196.

73. Yetter, R.A., Risha, G.A. e Son, S.F. (2009). Combustão de partículas metálicas e nanotecnologia. *Actas do Instituto de Combustão*, 32: 1819-1838.

Printed by Books on Demand GmbH, Norderstedt / Germany